Leitfaden

für den

Unterricht in der Geographie

an höheren Lehranstalten

von

Dr. Ad. Dronke,
Director der Realschule I. O. und Prov.-Gewerbeschule
in Trier.

Cursus V.

I. Theil: Physikalische Geographie.

Bonn,
Eduard Weber's Verlag (Julius Flittner).
1878.

I. Erweiterung der mathematischen Geographie.

§. 1.

Gestalt, Größe der Erde und Rotation derselben um ihre Axe.

Wie bereits im ersten Cursus bemerkt wurde, ist die Gestalt der Erde annähernd diejenige einer Kugel. Zu den Gründen, welche dort für diese Thatsache angeführt worden sind, fügen wir hier noch nachstehende hinzu:

1. Alle Planeten, der Mond und die Sonne sind solche Körper, deren Gestalt sich der Kugel sehr nähert;

2. geht man von Norden nach Süden, so sinkt der Polarstern immer tiefer, am südlichen Horizonte werden dagegen neue Sterne sichtbar; überschreitet man den Aequator, so verschwindet der Polarstern gänzlich, während neue Sternbilder ihren (scheinbaren) Kreislauf am Himmel machen;

3. der Schatten, welchen die Erde auf den Mond bei dessen Verfinsterung wirft, ist stets rund, wie auch die Sonne zur Erde stehen mag;

4. der Horizont erscheint jedem Beobachter als ein Kreis, wo und wie hoch er sich befinden mag, sofern nur die freie Umschau nicht durch besondere Gegenstände (Berge, Häuser) gehemmt wird;

5. jeder freischwebende, flüssige Körper, wie die Erde jedenfalls früher ein solcher gewesen ist, und zum Theil noch heute ist, muß nach den Gesetzen der Mechanik eine Kugelgestalt annehmen; wenn derselbe sich in Rotation befindet, wie dies ebenfalls bei der Erde der Fall ist, so muß sich zufolge der Fliehkraft die Axe verkürzen, der größte Kreis (Aequator) aber entsprechend vergrößern. Es entsteht so eine allseitig geschlossene Oberfläche, deren Gestalt sich derjenigen der Kugel sehr nähert; man nennt einen solchen Körper ein abgeplattetes Rotationsellipsoid

oder ein Sphäroid. Bei der Erde ist die Axe um 1/299 kleiner als der Durchmesser des Aequators. Erstere ist 1713 Ml., letzterer 1719 Ml. groß. Der Umfang eines Erd-Meridians beträgt etwa 40,003,423 m, der des Aequators (als Kreis gemessen, also abgesehen von den Unebenheiten der Festländer) 40,070,370 m; der Inhalt der Erde ist über 2650 Mill. Cubik-Ml. (oder 1,082,841 Mill. Cubik-Kilometer), die Oberfläche des Erdsphäroids 9,261,238 □ Ml. (fast 510,000,000 □ Kilometer).

Für die meisten Betrachtungen genügt es, wenn man die Erde als eine Kugel ansieht, wie es auch im Folgenden geschieht. Es stellen alsdann alle Meridiane Halbkreise dar, welche sich in den beiden Polen schneiden, senkrecht auf dem Aequator stehen und auf letzterem ihre größte Entfernung von einander haben. Denkt man sich nun den Aequator in 360° getheilt, so geht durch jeden Theilpunkt ein Meridian, und daher unterscheidet man auch die Meridiane nach diesen Graden. Jeden Grad des Aequatorialkreises theilt man ferner in 60 Minuten, jede Minute in 60 Sekunden, und erhält so auch die Meridiane in derselben Zählweise. Als Anfangsmeridian, von welchem aus man zählt, nimmt man in Frankreich denjenigen an, welcher durch die Sternwarte von Paris geht; in Deutschland beginnt man die Zählung von einem um 20° weiter nach Westen liegenden M.; da dieser nahe an der Insel Ferro vorüber geht, so nennt man ihn den Meridian von Ferro. Die Engländer haben denjenigen gewählt, welcher die bedeutendste Sternwarte ihres Landes — Greenwich — durchschneidet; diese liegt 17° 39' 37" östlich von Ferro, also 2° 20' 23" westlich von Paris. Die deutsche Zählweise hat den Vorzug, daß bei kartographischer Darstellung der Erdkugel die Continente Afrika, Europa, Asien (bis auf die Tschuktschen-Halbinsel) sowie Neuholland gänzlich auf einer Halbkugel (von 0° bis 180° östlich, daher auch östliche Halbkugel genannt) liegen, während Amerika die Landmasse der andern (westlichen) ist. Nach der englischen Zählweise rechnen auch alle Seefahrer. Die Reduktion der Zahlen von einer Rechnungsart in die andere ist sehr einfach. So ist z. B. 25° 14′ 40″ östlich Ferro = 5° 14′ 40″ östlich Paris = 7° 35′ 3″ östlich Greenwich, oder 18° 22′ 12″ östlich Ferro = 1° 37′ 48″ westlich Paris = 0° 42′ 49″ östlich Greenwich u. s. f.

Die Meridiane sind eigentlich ganze Kreise; da sich aber dieselben in den Polen schneiden, so fällt die zweite Hälfte des 0 Meridians mit der ersten von 180° zusammen und umgekehrt, man zählt daher alle 360°, indem man von Null aus nach Westen und Osten bis zu 180° rechnet und nur die eine Hälfte des Meridiankreises berücksichtigt.

Zwischen dem Aequator und dem Pol liegt von jedem Meridian ein Quadrant; denselben theilt man in 90°, auf diese Weise werden die Parallelkreise bestimmt, deren Rechnung man mit dem Aequator als 0° Breite beginnt und nach Norden und Süden zählt, so daß also der Südpol 90° südliche Breite, der Nordpol 90° nördliche Breite hat. Auch hier sind die Bogengrade wiederum in Minuten u. s. f. getheilt. Auf diese Weise ist jeder Punkt der Erdoberfläche leicht durch seine Länge (Meridian) und seine Breite (Breitegrad) fest und eindeutig zu bestimmen.

Ebenso wie auf der Erde, so unterscheidet man auch am Himmelsgewölbe Meridiane und Parallelkreise. Die ersteren liegen in derselben Ebene mit denjenigen der Erde und sind mit diesen concentrisch. Die Parallelkreise, welche man durch Theilung der Meridianquadranten erhält, liegen nicht mit denen der Erde in einer Ebene, dagegen bildet jeder derselben den Zenith für den gleichen Breitegrad auf der Erde. Die Wendekreise des Krebses und des Steinbocks liegen je $23^1/_2$° nördlich, beziehungsweise südlich des Aequators, d. h. die Ekliptik bildet mit letzterem einen Winkel von $23^1/_2$°. Die Polarkreise liegen also um $66^1/_2$° von dem Aequator.

Für die Erde ergeben sich aus diesen Betrachtungen noch nachstehende Thatsachen. Jeder Punkt des Aequators beschreibt in einem Tage einen Weg von über 40 Millionen ^{m}, daher in einer Secunde einen solchen von über 460 ^{m}. Der Umfang des Parallelkreises 60° nördlich oder südlich ist gleich der Hälfte desjenigen des Aequators; die Länge eines Bogengrades auf dem Aequator beträgt über 111 Kilometer, bei 60° aber nicht ganz 56 Kilometer.

Da die Sonne (scheinbar) einen Parallelkreis in 24 Stunden durchläuft, so schreitet sie also in einer Stunde jedesmal um 15° von Osten nach Westen am Himmel vorwärts, oder um 1° Länge zurückzulegen bedarf sie 4 Minuten; da nun unser Tag allerwärts nach dem Durchgange der Sonne durch den Meridian (obere Culmination 12 Uhr Mittags, untere Culmination 12 Uhr Nachts) bestimmt wird, so ist für je 1° Länge der Unterschied in der Zeit 4 Minuten.

Wenn daher in Petersburg (47° 57′ 40″ östl. Länge) 12 Uhr Mittag ist, so ist in Berlin (31° 3′ 30″ östl. L.) erst 10 Uhr 52 Min. 23 Secunden. Ebenso ergibt sich daraus, daß Berlin 44 Min. 14 Sec. früher Mittag hat als Paris, da der Längenunterschied zwischen den beiden genannten Orten 11° 3′ 30″ beträgt. Weil die Sonne von Osten nach Westen fortschreitet, also der Tag um so später beginnt, je weiter man nach Westen geht, und weil man, stets nach Westen gehend, schließlich wieder auf denselben Punkt der Erde zurückkehrt, so muß eine Grenze angenommen werden, wo das Datum des Tages wechselt; diese Grenze liegt im großen Oceane und durchschneidet das Behringsmeer, so daß die Rechnung des Datums im östlichsten Asien, resp. auf den großen Inseln Australiens beginnt und in West-Amerika endet; man kann daher in einigen Stunden, ohne daß die Sonne während der Reise untergeht, an dieser Grenze aus einem Datum in das andre gelangen.

Schon früher ist bemerkt worden, daß die Sonne nicht für alle Orte und nicht für alle Zeiten gleich hoch am Himmel emporsteigt. Da nun in jedem Punkte der Erdoberfläche die halbe Himmelskugel sichtbar ist, und durch den Zenith der dem Breitengrade des Ortes entsprechende Grad des Himmelsgewölbes geht, so sieht man z. B. unter 50° n. Br. (unter welcher etwa Mainz liegt) noch eben den 40° s. Br. den Horizont berühren, während 40° nördlicher Breite stets am Horizont sichtbar bleibt. Die Sonne sieht man unter der gen. Breite zur

Zeit der beiden Tag- und Nachtgleichepunkte um die Mittagszeit 40° über dem Horizonte stehen, zur Zeit des Sommersolstitiums (21. Juli) steigt die Sonne bis zu 63½° empor, während sie beim Winter-Anfange nur eine Höhe von 16½° erreicht.

§. 2.

Die Erdbahn.

Die Erde bewegt sich im Laufe eines Jahres um die Sonne und beschreibt hierbei eine Ellipse*). Die Gesetze der Bewegung aller Planeten um die Sonne, welche durch Kepler entdeckt, von Newton und Laplace begründet wurden, beruhen auf dem Gesetze der gegenseitigen Anziehung aller Körper; das wichtigste für unsere Betrachtung ist: jeder Planet — also auch die Erde — beschreibt bei seinem Umgange um die Sonne in gleichen Zeiten mit ihrem nach der Sonne (dem Centralpunkte der Anziehung) gerichteten Brennstrahle gleiche Sectoren.

Durch jede der Axen wird die Ellipse in zwei symmetrische Hälften getheilt; der Schnittpunkt der ersteren heißt Mittelpunkt, jede durch denselben gehende Sehne wird durch ihn halbirt und ist ein Durchmesser. Die Verbindungslinie eines Punktes der Peripherie mit einem Brennpunkte wird Brennstrahl genannt.

Aus dem Gesagten folgt eine Reihe sehr wichtiger Erscheinungen. Zunächst ist ersichtlich, daß die Erde nicht stets von der Sonne gleiche Entfernung haben kann; sie ist ihr vielmehr am nächsten, wenn sie sich in dem einen Ende der großen Axe befindet (Perihelium), und am entferntesten im anderen Endpunkte der großen Axe (Aphelium); zur Zeit des Periheliums, im Winter, ist die Erde um mehr als 19½ Mill. Meilen von der Sonne entfernt, während der Abstand im Aphelium (im Juli)

---

*) Eine Ellipse ist eine ebene, allseitig geschlossene Flächenfigur, bei welcher die Summe der Abstände eines jeden Punktes des Umfanges von zwei festen Punkten (Brennpunkten) eine constante Größe ist; die Entfernung der beiden Brennpunkte wird Excentricität genannt. Jede Verbindungslinie zweier Punkte der Peripherie ist eine Sehne, die durch die Brennpunkte gehende Sehne ist die große Axe, die im Halbirungspunkte derselben senkrecht stehende die kleine Axe.

über 20¼ Mill. Meilen beträgt. Die Excentricität der Erdbahn ist daher gleich 700,000 Ml. Die ganze Peripherie der von der Erde beschriebenen Ellipse beträgt etwa 125⅔ Mill. Meilen.

Sodann folgt aus dem oben angegebenen Bewegungsgesetze, daß die Erde sich um so rascher bewegt, je mehr sie sich dem Perihelium nähert; hat sie dasselbe erreicht, so ist ihre Geschwindigkeit am größten und nimmt nun immer mehr ab, je größer ihr Abstand von der Sonne wird; sie wird also am kleinsten im Aphelium. Daher müssen die Zeiten, welche die Erde gebraucht, um je eine durch die kleine Axe gebildete Hälfte der Bahn zu durcheilen, verschieden groß sein; und in der That ist der Winter, die Zeit des Periheliums, vom Herbstanfange bis zum Frühlingsanfange (vom 3. Sept. bis 21. März) um fast 8 (genauer 7,71) Tage kürzer als der Sommer, die Zeit des Apheliums (vom 21. März bis 23. Sept.).

Die Erdaxe — die Linie, um welche die Erde bei ihrer täglichen Bewegung sich um sich selbst dreht — steht nun nicht senkrecht zu der Erdbahn (Ekliptik), sondern bildet mit ihr einen Winkel von 23½°. Indem die Richtung dieser Erdaxe bei der Umdrehung um die Sonne stets dieselbe bleibt, wendet die Erde während der Zurücklegung der einen Bahnhälfte mehr ihre nördliche Seite der Sonne zu, während der Zurücklegung der andern aber die südliche Seite. Dadurch entstehen, wie bereits früher gezeigt worden, die Jahreszeiten und die Ungleichheiten in den Tages- und Nachtslängen in den einzelnen Jahreszeiten.

Nun bleiben aber die Punkte, in welchen die Ekliptik die Ebene des Aequators schneidet, — die Tag- und Nachtgleichepunkte des Frühlings und des Herbstes — nicht stetig liegen, sondern schreiten vorwärts; diese Erscheinung nennt man die Präcession der Gleichepunkte; in Folge derselben muß nach einer längeren Reihe von Jahren die Umkehrung der bisherigen Verhältnisse in der Weise eintreten, daß der Winter für die nördliche Erdhälfte länger, der Sommer aber kürzer wird, oder, mit andern Worten, daß das Perihelium in die Sommerzeit, das Aphelium in die Winterzeit fällt.

II. Physikalische Geographie.

§. 3.

Allgemeines.

Bereits früher ist bemerkt, daß auf der Oberfläche des Erdkörpers Wasser und Land äußerst ungleich vertheilt sind.

Die weitaus größere Landmasse liegt auf der nördlichen Erdhälfte; der südlichen gehören nur Australien, der kleinere Theil Afrikas und der Haupttheil von Süd-Amerika an. Denkt man sich die Erde so in zwei Hälften getheilt, daß London der Pol der einen ist, so enthält diese letztere, bei beträchtlichen Wassermassen (ungefähr = $^5/_8$), fast das gesammte Festland, während die andere fast ganz von Meer (großer Ocean, indischer Ocean und südliches Eismeer) bedeckt ist.

Wir können uns die Frage stellen: ist diese merkwürdige Vertheilung von Land und Wasser immer unveränderlich? bleibt das feste Land in denselben Formen, die es jetzt hat, oder ist dasselbe in seiner Gestalt Aenderungen unterworfen? Man ist gewohnt, das feste Land als das Unveränderliche anzusehen, und doch ist auch dieses steten Veränderungen unterworfen; meist sind dieselben zwar verhältnißmäßig klein und entziehen sich unserer Beachtung, aber in langen Reihen von Jahren zählen sich diese kleinen Aenderungen zusammen und ergeben so wesentliche Umformungen, daß wir über die Größe derselben staunen. So wissen wir, daß die Zuyder-See früher ein Binnengewässer war; durch Ueberfluthung der nördlich gelegenen Niederungen sind diese verschwunden, und so fahren heute Seeschiffe über Ländereien hinweg, die früher mit Pflug und Egge bebaut wurden. Umgekehrt sehen wir an vielen untrüglichen Zeichen, daß weite Länder, welche jetzt dichtbewohnt sind, weitab von dem Meere und hoch über demselben liegen, einst tief unter dem Spiegel des Wassers gelegen haben müssen. Es ist die

Aufgabe der physikalischen Geographie, nicht blos die gegenwärtige Vertheilung von Land und Wasser und die hierdurch bedingten Erscheinungen zu beschreiben, sondern auch die Gesetze aufzusuchen, welche die ewigen Bewegungen und Umwälzungen auf der Oberfläche der Erde regeln.

Das Meer.

§. 4.

Tiefe des Meeres; Bodengestaltung.

Das Wasser bedeckt den bei weitem größten Theil der Erdoberfläche und umschließt mit seinen zusammenhängenden großen Becken das gesammte feste Land. (Die Gliederung des Meeres bildet dabei das negative Bild derjenigen des Festlandes.) Als Centralpunkt dieser Wassermasse kann man das südliche Eismeer ansehen; von ihm ziehen sich zwischen den Continenten nach Norden der indische, der große und der atlantische Ocean, welche beiden letzteren mit dem vielfach von Land durchbrochenen nördlichen Eismeer in Verbindung stehn. Von diesen Hauptmassen scheiden sich nur wenige Binnenmeere ab, um sich zwischen die Continente hineinzudrängen: das rothe Meer, das Mittelmeer — von welchem einzelne Theile wiederum ihm gegenüber als Binnenmeere erscheinen — die Ostsee und die Hudsonsbai; außerdem könnte man in manchen Beziehungen noch als Binnenmeere auffassen das caraibische Meer mit dem Golf von Mexiko, das japanische, das ochotskische, das Behrings-Meer, den Golf von Carpentaria, sowie die von den Sundainseln und den Molukken umschlossenen Meerestheile.

Das Meer ist in seinem Innern noch sehr wenig bekannt; von dem Pflanzen- und Thierleben in ihm, von den Formationen seines Bodens, von dem Gehalte des Wassers an fremden, aufgelösten Bestandtheilen und von den Bewegungen der Wassermassen (Strömungen) wissen wir bis jetzt noch lange nicht alles das, was nothwendig ist, um ein volles, klares Bild zu erhalten; und doch ist die Kenntniß des Meeres in allen seinen Verhältnissen nothwendig, um auch die Erscheinungen auf dem Festlande vollständig zu verstehen, da der Einfluß des Meeres auf das Festland, dessen Formen, dessen Klima und Bewohnbarkeit ein sehr großer ist.

Der Boden des Meeres ist durchaus nicht eben, sondern bildet die Fortsetzung der Oberfläche des Landes, (bildet Plateaux, Thäler, Höhenzüge, wie das Festland); wenn das Wasser der Oceane plötzlich verschwände, so würden Ebenen, Hochflächen, durchschnitten von Thälern, und einzelne Bergzüge zum Vorschein kommen. Die Erscheinung derselben würde aber einförmiger sein, es fehlt ihnen der durch das strömende Wasser hervorgebrachte Formenreichthum. Doch ist auch hier jedenfalls keine absolute Ruhe. Die Reste der Thiere, namentlich die Kalkpanzer der niedrigsten Weichthiere, die Reste der Pflanzen, sowie die von dem strömenden Wasser dem Meere zugeführten Theile festen Bodens — Sand, Kies, Thon — werden von den Meeres-Strömungen mit fortgetragen und an solchen Stellen abgesetzt, wo das Wasser ruhig ist; es müssen sich also an solchen Stellen allmählich die tieferen Einsenkungen ausfüllen, und steigen diese Aufhäufungen höher an, so entstehen die der Schifffahrt so gefährlichen Sandbänke. So ist die Küste Englands nördlich von Dover bis weit hinauf von solchen umgeben; an der Nordseeküste Deutschlands und Hollands finden wir sie ebenfalls. Alle diese Ablagerungen unterhalb des Meeresspiegels müssen der Natur der Sache nach als Schichten erscheinen, und umgekehrt schließt man daraus, daß Gesteine, welche geschichtet sind, der Absetzung aus dem Wasser ihre Entstehung verdanken. Die Richtigkeit dieser Annahme wird noch dadurch bewiesen, daß solche geschichteten Gesteine in großen Mengen die Ueberreste von Wasser-Thieren und -Pflanzen enthalten; so besteht der Boden der norddeutschen Ebene beispielsweise aus geschichteten Gesteinen, die zum Theil aus den mikroskopischen Panzern von Infusorien zusammengesetzt sind. In den Vorbergen des Westerwaldes und der Eifel gegen das Coblenz-Neuwieder Becken hin sind die natürlichen

Ausbuchtungen von Thon ausgefüllt, der durch Anschwemmungen unter dem Wasser entstanden sein muß.

Solche Ablagerungen werden sich namentlich dort am ersten zeigen, wo in der Nähe große Ströme Massen von Wasser und mit diesem bedeutende Mengen von festen Bestandtheilen dem Meere zuführen. Es ändert sich also der Boden des Meeres durch Neubildungen. (Beispiele: Ablagerungen in den Fjorden, Bildung des Sandsteines im Hafen von Kopenhagen). Wie durch die Bewegungen des Wassers und die dadurch bewirkten Abwaschungen Formänderungen hervorgebracht werden, das wird später gezeigt werden.

Die jetzige Gestalt des Nordseebodens, soweit uns dieselbe bekannt ist, zeigt von der Küste Deutschlands bis in die Höhe von Schottland die Form einer ziemlich gleichförmigen Ebene; fast nirgends (außer vor der Mündung des Tyne) ist die Tiefe des Meeres über 50 m, meist schwankt sie zwischen 50 und 30 m. Dieses unterseeische Plateau wird durch eine tiefe Rinne (von mehr als 800 m Tiefe) von Norwegen getrennt; diese Kluft zieht sich zwischen Jütland und Norwegen im Skagerak bis fast nördlich von Skagen hin; das an Sandbänken reiche Kattegat zeigt nirgends eine Tiefe von über 100 m, und fiele der Spiegel des Meeres um wenig mehr als 10 m, so würden kleiner und großer Belt und der Sund trockenen Fußes an einzelnen Stellen zu passiren sein; sänke er um 30 m, so würden Jütland, die dänischen Inseln und Skandinavien völlig zusammenhängen, und die Ostsee wäre in einen Binnensee umgewandelt. Diese letztere erreicht nur vor der esthländischen Küste größere Tiefe, sonst übersteigt die Erhebung des Spiegels über dem Boden fast nirgends 60 m.

Durch die Erhöhungen des Bodens zwischen Sicilien und Afrika, sowie am Bosporus ist das Mittelmeer in drei tiefere Becken gespalten, von denen das westliche durch den fast 1000 m tiefen Canal der Straße von Gibraltar mit dem atlantischen Oceane in Verbindung steht. Zwischen Algier, den Balearen, Frankreich und Sardinien sinkt der Boden des Beckens unter 2000 m, und nördlich der Syrte in einer tiefen von Kreta nach Sicilien hinziehenden Kluft unter 4000 m.

Der Boden des atlantischen Oceans bildet jenseits der bereits erwähnten, die ganze Westküste Skandinaviens umziehenden, tiefen Furche ein Plateau (bekannt durch seinen großen Fischreichthum); auch der Westküste Irelands ist eine solche Fläche vorgelagert (90 — 150 m), welche aber zu einer Tiefe von 1000 und dann fast zu 5000 m hinabsinkt. Dann hebt sich der Boden wieder (zwischen 2500 — 3900 m) und bildet mehrere isolirte Bänke, von theilweise nicht 100 m Tiefe, um vor dem amerikanischen Continente unter 4900 und 5000 m zu sinken; vor der Insel New Foundland bildet sich dann die berüchtigte Bank, von der später noch mehrfach die Rede sein wird; der ergiebige Fischfang auf ihr lockt jährlich tausende von Schiffen in ihre gefährliche Nähe.

Im Allgemeinen scheinen die den Polen zugewandten Meere weniger tief zu sein, während in der Nähe des Aequators die bedeutendsten Tiefen liegen. Im südlichen Theile des atlantischen Oceans fand Denham erst bei 13,900 m Boden. Aus der Geschwindigkeit der Verbreitung von Wellen (bei Seebeben) hat man eine mittlere Tiefe von über 4000 m für den nördlichen großen Ocean berechnet.

§. 5.

Eigenschaften des Meerwassers.

Der Anblick des Meeres bietet — abgesehen von den sämmtlichen Bewegungserscheinungen — dem Beobachter zahlreiche, zum Theil noch nicht völlig erklärte Phänomene dar. Zunächst ist die Färbung des Wassers zu erwähnen. Durch die Reflexion des Lichtes an der Oberfläche und durch die Durchsichtigkeit des Wassers wird die Verschiedenartigkeit der Farben vielfach bedingt. Bei trübem Wetter sieht das nordische Meer bleigrau aus, in der Gluth der untergehenden Sonne dagegen erscheinen die Wogen wie in glühendes Gold getaucht, und alle Nüancen von Roth, Orange und Gelb, auch von Blau und Grün kann man dann beobachten. Eine Folge der Durchsichtigkeit des Meerwassers ist der röthliche Schimmer des Busens von Guinea: er kommt von dem röthlichen Thone, der den Boden des dortigen Meeres bildet. Ueberhaupt ist die Durchsichtigkeit des Meerwassers sehr bedeutend. An manchen Stellen kann man den Grund bei einer Tiefe von 40 Metern noch erkennen; namentlich das Antillen- und Mittelmeer zeichnen sich in dieser Beziehung aus. Auch die Meerestiefe hat Einfluß; je größer dieselbe, desto intensiver die Färbung; deshalb schließen erfahrene Schiffer aus der Mäßigkeit dieser auf die Abnahme jener. Auch der Gehalt an aufgelösten Stoffen (Thon im gelben Meere), das Auftreten zahlreicher Thiere (rothe Korallen im rothen Meere), der stärkere oder geringere Salzgehalt tragen zur Farbe des Wassers bei. Unerklärt aber ist es, wodurch der bei allen durch äußere Einflüsse bedingten Veränderungen stets bleibende Grundton in der Farbe bei einzelnen Meeren so verschieden ist; so zeigt z. B. der Busen von Biscaya ein tiefes Dunkelgrün, das Mittelmeer ein prachtvolles Azurblau (Grotte von Capri). Im Allgemeinen zeichnen sich die tropischen Meere durch ihre schöneren Färbungen (namentlich blau) aus, während das Grau des arktischen Oceans mit dem Einerlei der ganzen Natur in Harmonie steht.

Eine besondere, bemerkenswerthe Erscheinung ist das Phosphoresciren der Wellen, welches namentlich bei gewitterschwülem Wetter auftritt; jede Bewegung des Wassers — durch die Schaufeln eines Raddampfers, durch die Ruder eines Kahnes — erzeugt das helle Erleuchten der Woge. Diese Erscheinung, Phosphoresciren genannt, verdankt ihre Entstehung den Myriaden kleiner Weichthiere, welche in dem Wasser leben und — wie die Johanniswürmchen in warmer Sommernacht — von magischem Lichte strahlen.

Das Meerwasser ist nicht rein, es enthält vielmehr neben den bereits früher erwähnten mechanischen Beimengungen von erdigen Stoffen noch viele Stoffe in chemischer Auflösung. Unter diesen letzteren ist in erster Linie das Salz (Kochsalz) zu nennen, welches in allen

Meeren in ziemlicher Menge auftritt; daneben bildet der Gyps einen wesentlichen Bestandtheil. Kochsalz wird vielfach durch Verdampfung von Meerwasser gewonnen, andre Stoffe (Jod, Pottasche) werden aus den See-Pflanzen (Algen und Tange), welche jene Stoffe aus dem Wasser entnehmen müssen, dargestellt. Die Menge der aufgelösten Salze, von denen das Kochsalz meist ³/₄ ausmacht, beträgt durchschnittlich etwas über 34 Tausendtheile; in einzelnen Meeren weniger, in andern etwas mehr. So verdunsten in Folge des heißen Klimas stets beträchtliche Wasserquantitäten des rothen Meeres; während ihm aber kein Fluß frisches süßes Wasser zuführt, strömt immer salziges aus dem indischen Oceane durch die Straße von Bab-el-Mandeb ein. Da nun bei der Verdunstung nur reines (salzfreies) Wasser in die Atmosphäre übergeht, so muß der Salzgehalt des arabischen Meerbusens immer mehr steigen; derselbe beträgt 43 Tausendtheile. Ein ähnliches Verhältniß bietet das Mittelmeer dar, dessen Verdunstung durch den Einfluß der von Afrika kommenden heißen, trockenen Winde sehr groß ist, während das von den Flüssen ihm zugeführte Wasser diese Verdunstung nicht ersetzen kann; daher steigt, bei der steten Zuführung von Salzwasser durch die Straße von Gibraltar, der Salzgehalt des Mittelmeeres auf 38, derjenige der Syrten auf 39 Tausendtheile.

Das Umgekehrte findet beim schwarzen Meere statt; die Donau und die übrigen großen Ströme seines Gebietes bringen ihm große Mengen süßen Wassers zu, während die Verdunstung nicht so bedeutend ist; daher fließt durch den Bosporus und die Dardanellen immerwährend salziges Wasser ab, so daß also das Salzwasser stets verdünnt wird; in Folge dessen beträgt der Gehalt des schwarzen Meeres an Salzen nur 17 Tausendtheile. In der Ostsee, welche von den skandinavischen Gebirgen, aus Deutschland und Rußland so große Mengen süßen Wassers erhält, fällt der Gehalt auf 5, im östlichen finnischen Busen gar auf ²/₃ Tausendtheile. Die Hudsonsbai, das weiße Meer, der Obibusen, das Polarmeer an den Küsten Asiens bieten dasselbe Phänomen des geringern Salzgehaltes dar.

Außer den festen, erdigen Bestandtheilen enthält aber das Meerwasser noch sehr viel Luft, deren Anwesenheit für das Leben der See-Pflanzen und -Thiere eine Nothwendigkeit ist.

In Folge der fremden, beigemengten Stoffe ist das Seewasser ungenießbar für den Menschen und kann erst durch Entfernung jener Elemente zum Trinken tauglich gemacht werden. Entsprechend dem Gehalte an Salzen muß das Gewicht des gleichen Volumens Wasser größer oder geringer werden. Während ein Kubikmeter chemisch-reines Wasser 1000 Kilogramm wiegt, steigt das Gewicht der gleichen Menge Meerwasser aus dem atlantischen Ocean auf 1028, aus dem schwarzen Meere auf 1016 Kilogramm. Für die Schifffahrt folgt hieraus, daß ein Schiff, sobald es aus dem süßen Wasser eines Flusses in das salzige des Meeres kommt, an seinem Tiefgange verliert, d. h. nicht mehr so tief mit seinem Kiele eintaucht.

Eine weitere Aenderung, welche das Wasser in seinen Eigenschaften durch diese Auflösungen fremder Körper erleidet, ist folgende: Reines Wasser hat seine größte Dichtigkeit bei einer Temperatur von 4° C., d. h. bei dieser Wärme nimmt dasselbe den kleinsten Raum ein; wird es wärmer, so dehnt es sich aus, und ebenso wird es bei weiterer Abkühlung unter 4° weniger dicht, vergrößert sein Volumen. Das salzige Meerwasser aber hat seine größte Dichte bei — 2° C. (2° Kälte).

Was die Temperatur des Meeres betrifft, so stimmt dieselbe auf der Oberfläche mit derjenigen der Atmosphäre im Allgemeinen überein; dagegen sinkt dieselbe mit der Tiefe immer mehr, genaue Beobachtungen an verschiedenen Stellen fehlen noch, um bereits allgemeine Gesetze daraus ableiten zu können. Bei sinkender Temperatur wird, wie bereits erwähnt, das Wasser dichter und somit schwerer, sinkt daher nach der Tiefe, während das wärmere Wasser emporsteigt. Daher erklärt es sich, daß auf der Oberfläche das Meer wärmer ist als in der Tiefe, und daß ein Gefrieren — welches auch durch den Wellenschlag erschwert wird — so langsam stattfindet.

Bei stärkerem Froste erstarren zunächst die Wassermengen der flachen Fjorde und Golfe; da das Eis nur etwa 5 Tausendtheile Salze enthält, so muß die umgebende Wassermenge das überschüssige Salz aufnehmen und gefriert nur um so schwerer. Bei andauerndem Froste jedoch wächst allmählich das Eis gegen das freie Meer hinaus, wodurch eine breitere Barrière entsteht, welche das Festland von dem Meere trennt, das sogenannte Landeis. Bei heftigem Schneefall und dauerndem Froste bildet sich Oberflächeneis, das durch die Wellenbewegung in Schollen zerfällt, die sich durch Stoßen und Reiben abrunden; frieren solche aneinander, so entsteht das den Schiffen im Eismeer so gefährliche Packeis, welches mit seinen grotesken Formen häufig viele Quadratkilometer Fläche einnimmt.

§ 6.

Die Wellen-Bewegungen des Wassers und ihr Einfluß auf die Bildung der Erde.

Bei den mannigfaltigen Bewegungen können wir wesentlich zwei verschiedene Arten unterscheiden: diejenigen, welche in Folge einer vorübergehend wirkenden Kraft eintreten und daher selbst nur eine kürzere oder längere Zeit währen, und diejenigen, welche dauernd und regelmäßig sind. Zu den ersteren gehören die durch den Wind verursachten Wellen und die hohen Flutwellen der Seebeben.

Bei der leichten Beweglichkeit des Wassers muß jeder Stoß eines Körpers gegen dasselbe eine Verschiebung der einzelnen Theile gegeneinander, eine Bewegung hervorbringen, die sich nach allen Seiten hin fortpflanzt, nach dem Aufhören der wirkenden Kraft allmählich schwächer wird und schließlich aufhört. Es bildet sich, wenn die Kraft auf die Oberfläche von außen her kommend drückt, zunächst eine Vertiefung, welcher eine Erhöhung in den zunächstgelegenen Theilen entsprechen muß; diese Vertiefung und Erhöhung bilden zusammen eine Welle (Wellenberg und Wellenthal); nach einer kürzern Zeit ist an die Stelle des Wellenthales ein Wellenberg getreten und umgekehrt.

Die Erhebung der Spitze des Wellenberges über die Tiefe des Wellenthales wird die Wellenhöhe genannt.

Dieselbe ist abhängig von der Stärke der erregenden Kraft, der Richtung, in welcher sie auf das Wasser wirkt, von der Zeitdauer, während deren sie wirkt, von der Größe der beeinflußten Oberfläche und von der Tiefe des Wassers.

Die regelmäßigsten Wellen bilden sich unter dem Einflusse des ganz gleichförmig wehenden Passatwindes; in den Tropen ziehen von ihm hervorgebracht die Wellen gradlinig wie die frischen Furchen eines Ackers über das Meer; in den andern Gegenden, wo die Richtung des Windes und seine Heftigkeit sich stoßweise immerwährend ändert, bilden die Wellen ein großartiges Chaos. Die höchsten Wogen hat man im südlichen Theile des großen Oceans beobachtet, nicht bei den heftigsten Orkanen, bei welchen der Wind schief auf den Ocean aufstößt, sondern bei solchen Stürmen, welche nahezu horizontal über das Meer hinwegbrausen. Die bedeutendste beobachtete Wellenhöhe soll 33 m betragen, am Cap der guten Hoffnung sind Wellen von 14—18 m Höhe häufig, im nordatlantischen Oceane erheben sie sich zu 13 m, im Mittelmeere zu 4—5 m, höchst ausnahmsweise darüber hinaus. Im Allgemeinen ist die Wellenbreite, d. h. die Entfernung von Wellenberg zu Wellenberg, etwa 10 mal so groß, als die Höhe; die Geschwindigkeit, mit welcher sich die Wogen fortpflanzen, wächst bei heftigem Sturme häufig bis über 20 m in der Secunde.

Rollen die Wellen gegen das Land hin, wo sich der Meeresboden allmählich hebt, so heben sich mit diesem die Wogen, um an den Klippen und dem Steilufer ihren Gischt zu furchtbarer Höhe emporzuschleudern und dauernd zusammenzubrechen. Der Leuchtthurm von Bell-Rock, welcher an der Westküste Schottlands auf einem einsamen Felsen 34 m über dem Meeresspiegel sich erhebt, wird bisweilen vollständig von dem mit Sand und Steinen vermischten Schaume der Wellen überschüttet. Selbst im Mittelmeere soll bisweilen das Wasser an den Klippen der liparischen Inseln über 50 m emporgeschleudert werden. Wenn nun schon der fallende Tropfen allmählich den harten Stein auszuhöhlen im Stande ist, wie groß muß alsdann die Wirkung so heftig erregter Wassermassen auf die Küste sein*), wenn Tage lang unter der Wuth des Sturmes die Wogen gegen die Ufer branden! Wie wir im folgenden Abschnitte sehen werden, steht Europa namentlich unter dem Einflusse sehr heftiger Südweststürme, welche gegen Norden immer mehr in Westwinde übergehen; zeitweise treten aber auch aus Nordost kommende heftige Stürme auf. Daher muß die zerstörende Wirkung der Meereswellen sich am stärksten an den Küsten zeigen, welche sich den aus dem offenen Oceane kommenden Wellen zum Angriffe darbieten. In der That finden wir, daß in Europa namentlich die den Südwest- und Weststürmen ausgesetzten Felsen-Küsten (Galicien, Bretagne, Südwest-England, Irland, Schottland, Norwegen) zerklüftet und zerrissen sind; dabei werden von den brandenden Wogen immer mehr Theile abgerissen und das Land unausgesetzt zernagt. Im November 1872 trieb ein mehrere Tage lang anhaltender Nordostwind in der südlichen Ostsee das Wasser gegen die Küsten Neu-Vor-Pommerns und Holsteins [den Südwestwinkel], setzte das erregte Meer die Ländereien und Ortschaften weithin unter Wasser und zerstörte große Strecken Landes, die es mit hinab in seine Tiefen zog. Ein Bild der Zerstörung durch die Fluthen bieten uns die friesischen Inseln, obschon wegen der geringen Tiefe der Nordsee und ihrer verhältnißmäßig nicht bedeutenden Querausdehnung keine sehr hohen Wellen sich bilden können. Von den Inseln an der Westküste Schleswigs und Holsteins ist eine große Zahl schon verschwunden; von dem Felseneiland Helgoland ist nicht mehr ein Viertel der frühern Größe vorhanden; Borkum hat im Laufe des letzten Jahrhunderts über die Hälfte verloren, im 13. bis 15. Jahrhundert haben die Wogen den Dollart aus dem Friesenlande herausgerissen; der Jahdebusen entstand auf gleiche Weise im 13. Jahrhundert; etwa 900 Jahre früher wurde der Binnensee Flevo durch eine

*) Bei einer Höhe von 13 m und einer Geschwindigkeit von 20 m in der Secunde übt die Welle auf jeden Meter Front eine Kraft aus, welche größer ist als diejenige von 300 der stärksten Locomotiven.

Sturmfluth in den Meerbusen der Zuidersee umgewandelt, der sich 1287 und 1421 gewaltig erweiterte, wobei er mehr denn 100 Dörfer und über hunderttausend Menschen mit in die Tiefen des Oceans hinabzog. Die Abtrennung der Inseln Zingst und Darst, sowie des nördlichsten Theiles Jütlands vom Festlande erfolgte ebenfalls durch die anstürmenden Wogen.

Aus vielen Gründen (z. B. Zusammensetzung der Gesteine, Vorkommen bestimmter Thiere, wie Ameisenarten) muß man annehmen, daß England und Frankreich früher ein zusammenhängendes Festland bildeten; die von Südwesten herkommenden Wellen des Oceans müssen das leicht zerstörbare Gestein hinweggerissen und den Canal gebildet haben; noch heute wird die Normandie und die Südküste Englands immer mehr zernagt, so daß die Straße von Calais sich successive erweitert.

Auf der südlichen Halbkugel erstrecken sich nur wenige Küsten in die Gegenden, in denen die Stürme mit Regelmäßigkeit das Meer in der Richtung von Nordwest oder Südost (den Hauptwindrichtungen auf dieser Erdhalbkugel) wider das Land treiben; aber auch hier (Süd-Chile, Patagonien, Neu-Seeland), zeigen die Ufer den zerstörenden Einfluß des Meeres.

Diese Zerstörungsarbeiten werden wesentlich gefördert durch die von den erregten Wellen an die Ufer geschleuderten Stein- und Sandmassen, welche die Felsen abschleifen; namentlich interessant sind die mehrfach an der scandinavischen und schottischen Küste beobachteten Riesentöpfe; ein in einer Vertiefung des Felsens liegender Stein wird durch die brandenden Wogen in steter Drehung erhalten und bohrt allmählich in den Felsen tiefe Löcher ein.

Selbstverständlich ist es, daß nicht alle Küsten gleich unter der Gewalt der Wogen leiden, sondern daß die Größe der Wirkung von der größeren oder geringeren Festigkeit des Festlandes abhängt. Kreide ist z. B. ebenso wie andere geschichtete Gesteine (auch der aus getrennten Säulen bestehende Basalt) leichter zu zerstören, als Granit.

Die furchtbaren Wogen, welche sich bei Erd- oder Seebeben an den Küsten zeigen und über 100 Meter hoch bisweilen ansteigen, üben natürlich eine noch viel bedeutendere Wirkung aus; von ihnen wird später noch weiter die Rede sein.

§ 7.

Ebbe und Fluth.

Unter allen regelmäßigen Bewegungen des Meeres sind Ebbe und Fluth oder die Gezeiten am längsten bekannt. Zweimal täglich hebt sich an den Küsten der Spiegel des Meeres, das Wasser steigt immer höher und höher, überfluthet das Land, bildet neue Buchten und Baien, trägt schwerbeladene Schiffe über Sandbänke hinweg, und zweimal zieht sich wieder das Wasser zurück, läßt am Strande ganze Strecken, die überfluthet waren, frei, so daß man trockenen Fußes auf dem Boden des Meeres einherschreiten kann.

Die Ursache dieser Erscheinungen liegt in dem allgemeinen Anziehungsgesetze. Gemäß desselben ziehen sich zwei Körper mit einer Kraft an, welche von der Masse der beiden und von ihrer Entfernung abhängt (sie ist direct proportional dem Produkte der beiden Massen und umgekehrt proportional dem Quadrate der Entfernung). Durch die Attraction wird die Bewegung der Planeten um die Sonne, die der Satelliten um die Planeten bedingt. Der Mond zieht nun mit derselben Kraft die Erde an, mit welcher letztere ihn selbst attrahirt; da er jedoch sehr viel mal kleiner ist, so kreist er um sie; da ferner seine Entfernung von ihrem Mittelpunkte etwa 60 Erdhalbmesser beträgt, so zieht er die ihm zugewandte Seite der Erd-Oberfläche fast $^{30}/_{29}$ mal so stark an, als den Mittelpunkt, und diesen ebenso wiederum stärker als den dem Monde entgegengesetzt stehenden Punkt der Erdoberfläche. Bestände nun die Erde nur aus einer leicht beweglichen Flüssigkeit, so würde dieselbe in Folge der Attraction des Mondes eine andre Gestalt annehmen, sie würde statt eines Sphäroides ein Ellipsoid werden, d. h. der Aequator und die Parallelkreise würden ebenso wie jetzt die Meridiane Ellipsen — von sehr kleiner Excentricität — bilden, deren große Achse stets nach dem Monde gerichtet wäre; es hätte also die Erde alsdann nach der Seite des Mondes und nach der grade entgegengesetzten eine Erweiterung erfahren, die sich durch eine Verengung in den zu jenen Richtungen senkrechten Ausdehnungen ausgleichen müßte. Es wäre also eine Welle mit Wellenberg und Wellenthal entstanden, welche mit dem Monde gleichzeitig die Erde umkreist, also einmal in 24 Stunden 50 Minuten. Nun besteht aber die Oberfläche der Erde nicht blos aus Wasser, sondern auch aus Land, und daher wird die Fluthwelle, welche nach dem Gesagten stets unter den Tropen sich entwickeln muß, nicht dem — scheinbaren — Laufe des Mondes folgend die Erde umkreisen. Die allgemeine Ansicht (nach Whewell) war nun, daß die Fluthwelle täglich sich nur im großen Oceane entwickele, auf ihrem Wege nach Westen Australien und Südasien umspüle, von wo aus sich dann nach Norden der Ostküste Asiens entlang die Erscheinung fortpflanze, um Afrika herum sich wende und nun durch den atlantischen Ocean sich nach Norden fortsetze, um an den Küsten von Afrika, Europa und Amerika vorüber bis in das Eismeer das Wasser in regelmäßiger Bewegung zu erhalten. Wenn diese Theorie richtig wäre, so müßte im antarktischen Oceane die Fluth eine wirkliche Kreisbewegung machen, sie müßte sich ferner im atlantischen Oceane von Süden nach Norden fortpflanzen, so daß sie also um so später einen Ort erreichte, je weiter derselbe nach Norden läge; so würde sie erst nach $2^1/_2$ Tagen nach ihrer Entstehung in der Themsemündung eintreffen.

Gegen diese Theorie spricht die Erscheinung, daß sich die Gezeiten vom Cap S. Roque an der brasilianischen Küste gen Süden nach der La Plata-Mündung hin verbreiten. Daher wird sich wol die Welle nicht blos im großen Becken des stillen Oceans, sondern auch in dem mittleren Theile des atlantischen bilden und von dort aus nach allen Seiten hin fortpflanzen.

Die Geschwindigkeit ihres Fortschreitens ist von der Tiefe des Meeres abhängig; während sie sich bei den größten Tiefen des Oceans in einer Minute über 14 Kilometer weit fortbewegt (d. h. über 10 mal so rasch als der schnellste Eisenbahnzug), sinkt ihre Geschwindigkeit an flachen Küstengestaden auf 400 Meter in derselben Zeit; in dem Canale und der deutschen Nordsee übersteigt ihre Schnelligkeit fast nirgend 1600 Meter in der Minute. Auf dieser Abhängigkeit der Fortpflanzungsgeschwindigkeit von der Tiefe des Meeres beruht es, daß die durch den Canal aus dem atlantischen Oceane vordringende Fluthwelle grade an der Themsemündung mit der vorhergehenden Welle zusammentrifft, welche 12 Stunden früher vom Oceane herkam, Schottland umschloß und durch die Nordsee nach Süden fortschreitet. Daher ist das Wasser in dem Themsebusen der gleichzeitigen Wirkung zweier Wellen ausgesetzt, und steigt daher die Fluth in der Themse so hoch und so weit hinauf. Die Bedeutung Londons ist zum großen Theile in diesem, die Schifffahrt so sehr begünstigenden Umstande begründet.

Aus dem Vorstehenden ist klar, daß die Fluth in den einzelnen Küstenorten nicht zur Zeit des obern oder untern Meridiandurchganges des Mondes am höchsten steht, sondern daß dieselbe, weil sie nur als Fortpflanzung der an andrer Stelle entstandenen Meeresbewegung erscheint, später eintreten muß. So kommt sie z. B. etwa 5 Stunden nach der Culmination des Mondes am Cap Landsend und der nördlichen Betragne, 10 Stunden nach derselben an der Insel Wight und Southampton an. Diesen Zeitunterschied nennt man die „Hafenzeit". Orte, in welchen gleichzeitig die Fluth eintritt, liegen auf denselben Isorachien.

Die Höhe, bis zu welcher das Wasser bei der Fluth emporsteigt, und die Tiefe, bis zu welcher es wieder bei der Ebbe hinabsinkt, hängt von vielen, zum Theil noch nicht vollständig bekannten Umständen ab. Während in das Mittelmeer durch die schmale Straße von Gibraltar sich die Gezeiten in ihren Wirkungen nur sehr schwach fortpflanzen, so daß nur ganz unbedeutende Niveauunterschiede hier beobachtet werden (z. B. in der Straße von Messina), und daher dieses Meer leichter die anwohnenden Völker zur Schifffahrt veranlaßte, steigt in der Bucht von St. Michell die Fluth 15 m, in der Magelhaensstraße sogar 20 m über den tiefsten Stand der Ebbe. Merkwürdig sind die kleinen Differenzen der Gezeiten an der Mississippimündung, bei St. Helena, wo sie nur 2 m betragen, und an der golfartigen Erweiterung des la Platastromes, wo sie fast ganz verschwinden. Hier trifft die vom atlantischen Ocean entlang der brasilianischen Küste fortschreitende Fluth mit der aus dem südarktischen Meere längs Patagonien kommende Ebbe grade zusammen, so daß beide sich aufheben. (Die umgekehrte Erscheinung wie bei der Themsemündung.)

Unter der Einwirkung der Sonne, welche zwar eine unendlich vielmal größere Masse als der Mond besitzt, dagegen auch fast 400 mal weiter von der Erde absteht, als letzterer, muß sich ebenfalls eine, aber viel kleinere Fluthwelle bilden; dieselbe muß bereits in 24 Stunden die Erde umkreisen, verliert sich aber in der vom Monde erzeugten Welle und zeigt sich nur durch Erhöhung, resp. Erniederung der letztern. Stehen Mond und Sonne in Conjunction oder Opposition, d. h. ist Neu- oder Vollmond, so wird die Fluth ihren höchsten Stand erreichen, man nennt sie alsdann Springfluth. Dieselbe muß eine außergewöhnliche Höhe erreichen, wenn bei dem Perihelium der Neumond (resp. Vollmond) mit der größten Nähe des Mondes an die Erde zusammenfällt. Ist dann auch noch zufällig heftiger Sturm, so dringt mit der Springfluth die hochgehende See über Deiche und Dämme hinweg, reißt oft die Werke Jahrhunderte langer mühseliger menschlicher Arbeit mit sich fort, überschwemmt das flache Ufer weithin und zieht oft Städte und Inseln mit hinab in den Grund des Meeres.

Zur Zeit des ersten und letzten Viertels, zu welcher der Mond mit der Sonne in Quadratur steht, trifft die von letzterer erzeugte Ebbe mit der von ersterem veranlaßten Fluth zusammen, d. h. die Fluth steigt nicht so hoch, und bei der Ebbe zieht sich das Meer nicht so weit zurück (Nippfluth).

§ 8.

Die Meeresströmungen.

Außer den bereits beschriebenen Bewegungen, denen das Meer periodisch unterworfen ist, findet man, daß allerwärts weniger oder mehr starke Strömungen auftreten. Alle haben ihren Grund darin, daß das Wasser stets bestrebt ist, alle durch irgend welche Kräfte hervorgebrachten Störungen wieder auszugleichen.

Zunächst werden sich an den Mündungen wasserreicher Flüsse bis weit in das Meer hinein Strömungen bemerkbar machen müssen, durch welche das zugeführte Wasser auf weitere Flächen vertheilt wird. Von den deutschen Flüssen tritt der Einfluß der Elbe am meisten hervor. Bekannt sind die heftigen Strömungen des Orinoco, welche schon Christof Columbus vermuthen ließen, daß dieser Fluß aus einem größeren Festlande hervorbreche; dann die des Amazonenstromes und vor Allem die der chinesischen Ströme. Alle diese Erscheinungen sind aber auf verhältnißmäßig kleinere Bezirke localisirt und üben auf das Festland keinen sehr bedeutenden Einfluß aus.

Wie später gezeigt werden wird, verdunstet stets das Meer an seiner Oberfläche, es verliert also ständig an Menge und dieser Verlust muß durch das von den Flüssen und durch den Regen wieder zugeführte Wasser ausgeglichen werden. Nun hängt aber die Größe der Verdunstung von der Wärme und der größern oder geringern Trockenheit der über dem Meere lagernden atmosphärischen Luft ab, ist daher im Allgemeinen in den heißen Ländern am größten, in den arktischen am kleinsten. In abgeschlossenen — Binnen- — Meeren wird sich die Wirkung der Verdunstung von Wassermassen am deutlichsten und raschesten durch Sinken des Spiegels, oder deren Zunahme durch Hebung des Spiegels zeigen. Hervorragend sind diese Erscheinungen namentlich in dem Mittelmeere, dem schwarzen Meere und in der Ostsee. Ueber ersteres zieht der aus Innerafrika kommende trockene Gluthwind, der begierig Wasser auffaugt, in dasselbe münden dagegen nur wenige und meist nicht sehr wasserreiche Ströme. Der durch die Verdunstung bedingte Verlust ist mithin größer als der von den Flüssen zugeführte Gewinn; daher strömt unaufhörlich durch die Meerenge von Gibraltar Wasser aus dem atlantischen Oceane in das Becken des Mittelmeeres. Da die Verdunstung in dem östlichen Theile am stärksten ist, so ist dieser Strom noch dort be-

bemerkbar; er geht der ganzen Nordküste Afrikas entlang und treibt den vom Nil zugeführten Sand gegen die alte phönizische Küste, deren Häfen daher einer steten Versandung ausgesetzt sind, während das den Nilmündungen näher liegende Alexandria durch denselben Strom vor der Versandung seines Hafens geschützt wird. Das umgekehrte Verhältniß tritt beim schwarzen Meere ein; die ungeheuren Wassermassen, welche die einmündenden Ströme dem Meere zuführen, sind wesentlich größer, als die durch Verdunstung ihm entzogenen; daher gleichen der Bosporus und die Dardanellen viel mehr starken Flüssen, als Meeresarmen. Auch in der Ostsee ist die von den wasserreichen Flüssen zugebrachte Wassermenge bedeutender, als die bei der kühleren Luft verdunstete; daher gibt dieselbe durch den Sund und die beiden Belte zeitweise Wasser an das Skager-Rak ab. Dem rothen Meere muß umgekehrt wieder durch den Busen von Aden und die Straße von Bab-el-Mandeb solches zugeführt werden.

Wie bereits früher bemerkt, ist der Salzgehalt verschiedener Meere sehr verschieden; mit dem größeren Salzgehalte steigt aber auch die Schwere einer gleichen Wassermenge. Da sich nun Flüssigkeiten stets so zu ordnen suchen, daß die schwerere den Boden einnimmt, während die leichtere oben auflagert, so müssen aus den salzhaltigeren Meeren unterseeisch und dicht an den Küsten Ströme nach den Meeren von geringerem Salzgehalte fließen, während auf der Oberfläche Strömungen in der umgekehrten Richtung sich zeigen. Dies ist z. B. der Fall beim Mittelmeere, wo die bereits erklärte Strömung aus dem atlantischen Oceane in Folge des verschiedenen Salzgehaltes der in Verbindung stehenden Gewässer auf der Oberfläche verstärkt wird, während auf dem Boden der Meerenge ein Strom in umgekehrter Richtung Wasser des Mittelmeeres in den Ocean führt. Die Straßen, welche letzteren mit der Ostsee verbinden, sind dagegen zu flach, als daß sich dauernd ein Gegenstrom unter der Oberfläche bilden könnte, und wird daher ein solcher nur zeitweise beobachtet.

Weit wichtiger und auf die ganze Erde einflußreicher

sind jedoch diejenigen Meeresströmungen, welche von den stärkern Störungen des Gleichgewichtes durch verschiedene Einflüsse veranlaßt werden. Zufolge der größeren Erwärmung des Wassers in den Tropen dehnt sich dasselbe stark aus, oder, mit andern Worten, es wird specifisch leichter; so nehmen z. B. 1000 Liter Wasser von 4° einen Raum von mehr als 1001 $^{7}/_{10}$ Liter ein, wenn man dasselbe auf 20° erwärmt; während also ein Cubikmeter Wasser bei 4° 1000 Kilogramm wiegt, beträgt das Gewicht eines Cubikmeters bei 20° nur 998 Kilogramm, ist also um 2 Kgr. leichter geworden. Dabei verliert das warme Meer stets große Mengen Wasser durch Verdunstung, nimmt also auch an Quantität ab. Fände nun kein Ausgleich zwischen dem wärmern, leichtern und dem kältern schwerern Wasser statt, so würde in den Tropen also das Meer wesentlich leichter sein, als an den Polen, und sein Spiegel würde allmählich sinken. Es muß daher stets ein Abströmen von erwärmtem Wasser nach den Polen und umgekehrt von kaltem nach dem Aequator statthaben: Aequatorial- und Polarstrom. Es hat aber jeder Theil der Erdoberfläche eine um so kleinere Umdrehungsgeschwindigkeit, je weiter er nach den Polen liegt, und ferner hat jeder Körper das Bestreben (Trägheit genannt), in demjenigen Zustande zu verharren, in welchem er sich befindet. Wenn daher plötzlich Wasser vom Pole, wo es keine Umdrehung erleidet oder in einem Tage nur einen sehr kleinen Weg zurücklegt, plötzlich nach dem Aequator versetzt würde, so würde es in dem Zustande der Ruhe verharren, während die starre Erde unter ihm sich mit jener bereits angegebenen großen Geschwindigkeit von Westen nach Osten bewegte, d. h. das Wasser bliebe gegen das Festland zurück oder machte (scheinbar für das Festland) eine Bewegung von Osten nach Westen. Umgekehrt müßte das vom Aequator nach den Polen plötzlich versetzte Meereswasser diese mit ungeheurer Geschwindigkeit in der Richtung von Westen nach Osten umkreisen.

Aus diesen Bewegungen von den Polen zum Aequator und von Osten nach Westen resp. umgekehrt würde sich, sofern die Erde nur mit Wasser überdeckt wäre, ergeben, daß der Polarstrom von Norden nach Südwesten, der von Süden kommende aber nach Nordwesten dem Aequator sich zuwendete, während das warme Wasser der Tropen in nordöstlicher Richtung dem Nordpole, in südöstlicher Richtung dem Südpole zuströmte, dabei mehr auf der Oberfläche bliebe, während der Polarstrom sich mehr und mehr auf den Boden des Oceans senkte. Nun ist aber solch ein regelmäßiger Verlauf in Folge der ungleichen Vertheilung von Wasser und Land unmöglich, vielmehr bieten die Strömungen in den einzelnen Meeren ein äußerst complicirtes Bild dar, welches uns, namentlich in Bezug auf die unterseeischen Bewegungen, noch vielfach unklar ist. Im Folgenden sollen, soweit uns die Thatsachen bekannt sind, die hierhin gehörenden Erscheinungen betrachtet werden.

§ 9.

Die Aequatorial- und Polarströme.

Aus dem offenen antarktischen Meere fließt überall kaltes Wasser gegen Norden; ein Theil dieses Stromes zieht an der Westküste Süd-Afrika's vorüber nach dem Busen von Guinea; hier wendet sich der Strom ganz nach Westen und wird zum Aequatorialstrom; bedeutend erwärmt trifft er in großer Breite, nördlich und südlich des Aequators, auf den südamerikanischen Continent, welcher in Folge seiner Gestalt ihn in zwei Theile spaltet; der kleinere Theil muß vom Cap San Roque eine sehr starke Wendung nach Südsüdwest machen, begleitet die Küste Brasiliens, Uruguays, der Laplata-Staaten und verliert sich in der Gegend der Falklands-Inseln, bis zu welchen der Polarstrom ebenfalls hinaufreicht; ein unbedeutender Theil dieses Südarmes der Warmwasserströmung wird unter dem Wendekreise des Steinbocks durch den aufstoßenden Kaltwasserstrom von seiner Richtung abgelenkt gegen Südosten und bildet im südlichen atlantischen Ocean eine Spirale.

Der Hauptarm des Aequatorialstromes zieht der Nord-Ostküste Süd-Amerikas entlang, bricht die Wassermengen des Amazonenstromes und reißt sie mit sich; durch die zahlreichen Canäle zwischen den kleinen Antillen hindurch ergießt er sich nun in das Caraïbische Meer, sein nördlichster Theil geht an Jamaica, Haïti und Cuba vorüber; aus dem caraïbischen Meere kann das immer stärker erwärmte Wasser keinen andern Ausweg nehmen als durch die Straße von Yucatan in den Busen von Mexico, in welchem der Strom das schlammreiche Wasser des Mississippi gegen die Küste drängt und so die Bildung des Deltalandes befördert; die Bahama-Inseln bilden dann mit ihren Korallenbänken eine Barriere und zwingen den zwischen Cuba und Florida nach Osten heraustretenden Strom — von jetzt ab Golf-Strom genannt — sich nach Vereinigung mit dem an Haïti und Cuba entlang kommenden Arm nach Norden zu wenden. Mit gewaltiger Kraft, bei einer Breite von 60 Kilometern fast 400 ^{m} tief und mit einer Geschwindigkeit von $1^1/_2$ ^{m} in der Secunde (eine mehr denn 1000 mal größere Wassermenge mit sich führend, als der Mississippi hat), ergießt er seine während ihres sechsmonatlichen Aufenthaltes in den westindischen Meeren überaus stark erwärmten Fluthen in den atlantischen Ocean. Durch die Küsten der amerikanischen vereinigten Staaten, die er bis zum Cap Hatteras bespült, wird seine Richtung immer mehr nach Osten abgelenkt, bis er die große Neufundlandsbank erreicht, wo er sich fächerartig theilt; der südliche über 100 Ml. breite Arm umfließt die Azoren, wendet sich vom Cap Finisterre nach Süden an Portugal und der marokkanischen Küste entlang, an der Madeira-Gruppe und den canarischen Inseln vorüber, biegt dann immer weiter nach Westen ab und vereinigt sich südwestlich der Inseln des grünen Vorgebirges wieder mit dem nach Westen fließenden Aequatorialstrome. Der zweite Hauptarm des Golfstromes geht mehr nach Nordosten, umspült ganz West-Europa von dem Busen von Gascogne bis hinauf zum Nordcap, bricht zwischen Spitzbergen und Nowaja-Sembla hindurch und macht sich noch nördlich von Asien im Eismeere bemerkbar. Von seinem hohen Einfluß auf Europa wird später ausführlicher die Rede sein.

Der dritte Arm des Golfstromes wendet sich jenseits der Neufundland-Bank nach Norden und trifft auf die

Südküste von Island, hier noch häufig Holzstämme, die der Mississippi dem Meere zugeführt hat, ablagernd. Früher scheint er ganz Island und selbst noch Grönland mit seinen Fluthen umspült zu haben; denn in beiden Ländern war das Klima einst bedeutend wärmer; in Island, wo jetzt kein Baum mehr gedeiht, wuchsen prächtige Wälder und Grönland erhielt wegen seiner prachtvollen grünen Weiden von den ersten Entdeckern seinen Namen. Der vordringende Polarstrom hat hier alles geändert und aus dem Culturlande Island eine weite Oede gemacht. Diesem Zuflusse warmen Wassers in das nördliche Eismeer muß ein gleich großer Abfluß entsprechen. Zwischen Island und Grönland hindurch wendet sich derselbe nach Südsüdwest und vereinigt sich südlich vom Cap Farewell mit dem mächtigen aus der Baffinsbai und den westlichen Canälen durch die Davisstraße hervorbrechenden Polarstrome; bei der Neufundland-Bank stößt dieser auf den warmen Golfstrom, es sinkt hier zum größten Theile das kalte Wasser in die Tiefe (hier ist der atlantische Ocean 4500 — 5000 m tief), während das leichtere warme Wasser auf der Oberfläche bleibt; nur ein kleinerer schmaler Arm des kalten Polarstromes drängt sich zwischen dem Golfstrome und der Küste von Neu-Braunschweig und Neuengland hindurch bis zum Cap Hatteras hinab.

Die Strömungen müssen in den übrigen Oceanen in Folge der Verschiedenheit der Landbildungen einen völlig andern Verlauf nehmen. Der Polarstrom, welcher aus dem südlichen Eismeer kommend an der Westküste Süd-Amerikas vorbeifließt, ist namentlich an der peruanischen Küste als Humboldt-Strom bekannt, hier biegt er ab gen Westen und wird Aequatorialstrom. Ein Arm von ihm, der sich vor den Philippinen nach Norden und dann, an den Liu-Kiu-Inseln und Japan vorüber, nach Nordost wendet, führt den Namen Kuro-Siwo. Die durch die Behringsstraße und das Behringsmeer nach Südwest fließende Polarströmung verliert sich bereits bei Jesso. Aus dem indischen Oceane treibt warmes Wasser durch den Mozambique-Kanal (Mozambique-Strömung) nach Südwest bis zum Caplande.

§. 10.

Wirkungen der Meeresströmungen.

Wenn auch die directen Einwirkungen der Meeresströmungen auf die Bildung der Erdoberfläche nicht sehr groß sind, so üben sie doch in indirecter Weise auf das Festland vielleicht den höchsten Einfluß aus, dessen überhaupt irgend eine Kraft fähig ist.

Ihre directe Einwirkung scheint sich im Wesentlichen darauf zu beschränken, daß sie die Thätigkeit der Wellen unterstützen oder hemmen, je nachdem die letztern mit der Richtung des Stromes oder gegen dieselbe fortschreiten. So wird die vom atlantischen Oceane durch den Canal nach der Nordsee sich wendende Strömung das zerstörende Werk der in derselben Richtung kommenden Wellen an den Küsten Frankreichs und Englands unterstützen. Ob auch die Oeffnung der Straße von Gibraltar der vereinigten Kraft von Wellen und Meeresströmung zu verdanken ist, worauf wohl die Herculessage hinweist, läßt sich nicht bestimmen. Ebenso wenig liegen Beobachtungen vor, ob etwa die Strömungen den an der Küste aufsteigenden Meeresboden allmählich aushöhlen.

Die Luft über dem Meere hat, wie bereits früher bemerkt wurde, meist dieselbe Temperatur, wie das Meer selbst; letzteres ist, da die zur Erwärmung von Wasser nothwendige Wärmemenge unendlich viel größer ist, als die zu gleich starker Erwärmung einer gleichen Luftmasse erforderliche, für die Temperatur der Luft gleichsam der Regulator; es erwärmt sich der kalte Luftstrom, sobald er über warme Meere hinstreicht, und umgekehrt wird die warme Luft sehr rasch stark abgekühlt, wenn sie sich auf kaltem Wasser lagert. Da nun das Klima eines Landes und damit seine Bewohnbarkeit wesentlich von der mittleren Luftwärme abhängig ist, so müssen die von den kalten Polarströmungen umspülten Länder ein bedeutend kälteres Klima haben, als die von den warmen Aequatorialströmen getroffenen Küsten. Das Golfstromwasser tritt mit einer Temperatur von 30° aus dem Antillenmeere und übertrifft die Wärme des umgebenden Oceans um 5°. Bei der Neufundlandsbank zeigt sein

Wasser noch 25 °, während der Polarstrom an den Küsten Labradors in einiger Tiefe eine Temperatur von — 3 ° besitzt. Daher starrt Labrador unter ewigem Eis und Schnee, während das unter gleicher Breite liegende Ireland berühmt ist durch sein feuchtwarmes, gleichmäßiges Klima; an der Südwestküste von Erins grünem Eilande gedeiht die Myrte, und die vom Golfstrom direct bespülte Westküste hat durchschnittlich eine um 2 ° höhere Temperatur, wie die Ostküste. England wird durch den Golfstrom in die bekannten Nebel gehüllt, die Faröer- und Shettland-Inseln haben selten im Winter Frost, Tromsö und Hammerfest sind Städte mit einer fleißigen Bevölkerung weit jenseits des Polarkreises, während in allen andern Continenten und auch in Ost-Europa jede Cultur schon weit diesseits des Polarkreises aufhört.

Die Fauna der warmen und der kalten Ströme ist völlig verschieden, und hängt der Reichthum Norwegens wesentlich von dem durch den Golfstrom bedingten Fischfange an seinen Küsten und im Lofotenmeere ab. Hingewiesen sei ferner noch auf den Einfluß der Strömungen auf den Weltverkehr, auf die Bedeutung des Treibholzes, welches von dem Mississippi dem Meere zugeführt an den Küsten Islands und Spitzbergens abgelagert wird.

Ebenso wie beim nordatlantischen Oceane lassen sich auch an den Küsten des großen Oceans u. s. f. die Einwirkungen der Strömungen nachweisen.

Die Atmosphäre.

§ 11.

Allgemeines. Luftdruck.

Die aus fester Erde und Wasser gebildete Erdkugel wird von einer Schichte von Luft, Atmosphäre genannt, umhüllt. Dieselbe ist für alle organischen Wesen ein absolutes Lebensbedürfniß, mit der Entziehung derselben tritt sofort der Tod ein. Ihr verdanken wir ferner das

Blau des Himmels, ihr die Färbungen der entfernten Berge und Gegenden, sie ist die Ursache, daß die Sonne beim Aufgehen und Untergehen den Himmel mit rother Gluth überzieht; sie bewirkt die wundervolle Erscheinung des Alpglühens. Sie zeigt im allgemeinen die Eigenschaften aller Körper (sie ist schwer, dehnbar, zusammendrückbar, theilbar) und besteht außer geringen Beimengungen anderer Luftarten aus Stickstoff (79%) und Sauerstoff (21%), von denen der letztere für das Leben durchaus nothwendig ist, da ersterer für sich allein keinen Organismus auch nur auf kurze Zeit zu erhalten vermag. Die Luft übt auf ihre Umgebung einen Druck aus und zwar nach allen Richtungen hin gleich stark; diesen Druck, mehr als ein Kilogramm auf jedes Quadrat-Centimeter Fläche in unsern Gegenden, bemerken wir deßhalb nicht, weil unser ganzer Körper in allen Poren von Luft durchdrungen ist, und daher der Druck von Innen ebenso groß ist als der von Außen. Ein plötzliches Nachlassen des letzteren hat das Springen kleiner Blutgefäße zur Folge: daher dringt dem Menschen, wenn er im Luftballon rasch in höhere Luftschichten hinaufkommt, oder wenn er hohe Berge besteigt, wo, wie wir gleich sehen werden, der äußere Luftdruck ein geringerer ist, aus Nase, Mund, Ohren, unter dem Augendeckel und selbst unter den Nägeln Blut hervor; umgekehrt fühlt sich der Mensch in der Taucherglocke, in welcher die Luft dichter ist und daher einen höhern Druck ausübt, beengt, die Ohren sausen ihm und der Herzschlag wird rascher.

Der Druck der Luft bewirkt, daß in einer gebogenen, auf einer Seite geschlossenen Röhre die im geschlossenen Schenkel enthaltene Flüssigkeit höher steht, als die in dem offenen, sofern die Luft in dem erstern entfernt ist; wenn diese geschlossene Röhre lang genug ist, so füllt die Flüssigkeit immer nur einen bestimmten Theil derselben aus und bildet sich oberhalb von ihr ein luftleerer Raum; es muß in diesem Falle also der Druck der atmosphärischen Luft ebenso groß sein, als derjenigen der Flüssigkeit, welche sich im längern Schenkel über das Niveau im kürzern erhebt. Wäre z. B. der Querschnitt der Röhre grade 1 □Centimeter, und ist als Flüssigkeit Quecksilber genommen, so muß letzteres in dem luftleeren Theile der Röhre etwa 76 Centimeter höher stehen, als in dem offenen Schenkel, da ein Cubik-Centimeter Quecksilber etwa 13,8 Gramm wiegt, und, wie bereits oben erwähnt, der Luftdruck über 1 Kilogramm auf das Quadratcentimeter Fläche beträgt (1 Kgr. 50 Gr.).

Ein solcher Apparat, wie er eben beschrieben, ist das Barometer. Es gibt uns also den Druck der äußern Atmosphäre an, da, nach obiger Darstellung, der Stand der Quecksilbersäule sich erhöhen muß, sobald der Luftdruck sich vermehrt, und umgekehrt sich vermindern muß, sobald jener sich vermindert.

Eine directe Anwendung findet das Barometer zur Bestimmung der Höhen. Da die Luft äußerst elastisch ist, so wird sie bei größerem Drucke dichter d. h. sie nimmt einen kleineren Raum ein und übt daher selbst auf ihre Umgebung wiederum jenen größeren Druck aus. Je höher man sich nun über das Meeresniveau erhebt, um so geringer muß die Höhe der über uns befindlichen Luft und damit auch der Druck derselben sein; es sinkt daher das Barometer um so tiefer, je höher man sich auf Bergen über das Thal, im Ballon über die Erdoberfläche erhebt. Aus dem gleichzeitigen Stande des Barometers an zwei, in horizontaler Richtung nicht so weit entfernten Orten, daß überhaupt andere Verhältnisse in der Atmosphäre auftreten, kann man den Höhenunterschied zwischen denselben genau berechnen. Auf diese Weise werden die Erhebungen der zugänglichen Berge und Orte über das Meeresniveau bestimmt; am Rhein sind alle Höhenangaben bezogen auf den mittlern Stand des Meeres bei Amsterdam (Nullpunkt des Amsterdamer Pegels).

Bis zu welcher Höhe die Luft den Erdkörper umgibt, ist noch nicht möglich gewesen mit einiger Sicherheit zu bestimmen. Jedenfalls wird nach dem Gesetze, daß die Wärme die Körper ausdehnt, die Dicke der Luftschicht am Aequator bedeutend größer sein, als an den Polen, oder der von der Atmosphäre bestimmte Körper der Erde ist viel stärker abgeplattet, als das nur aus dem Meere und dem festen Boden bestehende Sphäroid.

§. 12.

Veränderlichkeit des Luftdruckes. Wassergehalt der Luft.

Das Barometer behält nicht stets denselben Stand, wie man sich leicht durch Beobachtung überzeugen kann, es ändert denselben vielmehr sehr wesentlich, d. h. es ist der Druck der Atmosphäre nicht constant, sondern variirt ständig. Man unterscheidet hierbei periodische und nicht periodische Aenderungen. Die ersten sind solche, die mit Regelmäßigkeit in bestimmten Zeiten stets zurückkehren. Zu denselben gehören zunächst die täglichen Variationen, indem nämlich der Stand des Barometers durchschnittlich zweimal täglich ein Maximum und zweimal ein Minimum erreicht; die Unterschiede sind je nach der Lage des Ortes mehr oder weniger bedeutend; im Allgemeinen übersteigen dieselben nie 2 mm (in den äquatorischen Gegenden) und sind die Stunden des höchsten Standes 10 Uhr Morgens und Abends, die des niedersten 4 Uhr Morgens und 4 Uhr Nachmittags.

Die andern periodischen Aenderungen erfolgen binnen Jahresfrist; im Sommer steht das Barometer durchschnittlich wesentlich tiefer, als in den andern Jahreszeiten; im Herbst steigt es und erreicht im Winter (je nach der Lage des Ortes auch erst gegen das Frühjahr) seinen höchsten Stand, um von da ab wieder zu sinken.

Neben diesen periodischen zeigen sich jederzeit auch unperiodische, plötzliche sowie allmähliche Aenderungen im Stande des Barometers und beweisen, daß der Druck der Luft ein äußerst veränderlicher ist. Nimmt man aus den in regelmäßigen Zeitintervallen beobachteten Höhen des Barometers das arithmetische Mittel, so erhält man den mittleren Barometerstand für den Ort und während der ganzen Beobachtungszeit. Um denselben für verschiedene Orte vergleichen zu können, bedarf es aber vorher noch einer kleinern Correctur. Jeder Körper, also auch das Quecksilber dehnt sich bei Erhöhung der Temperatur aus, d. h. es wird das Gewicht desselben Volumens kleiner; somit muß das Quecksilber eines Barometers bei demselben Luftdrucke um so höher stehen, je höher die Temperatur ist. Es wird daher bei allen Barometerbeobachtungen diejenige Erhöhung des Quecksilberstandes, welche nur als Folge der Temperatur entsteht, soweit solche von 0° abweicht, von der beobachteten Höhe des Quecksilbers abgezogen (reducirte Barometerhöhe). Alle Orte, welche gleichen Barometerstand haben, liegen auf einer Isobare.

Nach dem im vorigen Abschnitte Gesagten ist die Erhebung eines Ortes über das Niveau des Meeres ebenfalls von wesentlichem Einflusse auf den Stand des Barometers, und dieser muß daher, wenn man den Verlauf der Isobaren auf dem Festlande bestimmen will, auch auf das Meeres-Niveau reducirt, d. h. es muß die Höhe berechnet werden, auf welcher das Barometer stehen würde, wenn der Beobachtungsort auf dem Niveau des Meeres läge.

Um die angegebenen Aenderungen, welche an dem Drucke der Atmosphäre beobachtet werden, zu erklären, müssen noch vorher einige Eigenschaften der Luft erläutert werden. Dieselbe dehnt sich bei stärkerer Erwärmung aus, d. h. sie wird ausgelockert, übt also auf ihre Umgebung einen geringeren Druck aus, während sie sich bei der Abkühlung wiederum zusammenzieht, d. h. schwerer wird. Daher muß zu der Tages- und Jahreszeit, während welcher die Temperatur am höchsten ist, der Stand des Barometers verhältnißmäßig niedriger sein als zu derjenigen, während deren das Abnehmen der Wärme eine Verdichtung der Luft herbeiführt. Daraus erklären sich die Jahresschwankungen und zum Theil die Tagesschwankungen. Zu dieser (erklärten) Eigenschaft der Luft tritt aber noch eine andere, welche für den ganzen Haushalt der Natur von der allergrößten Wichtigkeit ist. Es enthält nämlich die Atmosphäre stets Wasser in Dunstform, und zwar ist die Menge, welche in der Luft vorhanden sein kann, von der Temperatur derselben abhängig. Die nachstehende Tabelle gibt uns den Gehalt der Atmosphäre an Wasserdampf bei den einzelnen Temperaturgraden an; in der ersten Colonne ist die Temperatur angegeben, (wie in diesem Leitfaden überall, nach Celsius, und zwar unter 0° mit — bezeichnet), in der zweiten der Druck des Wasserdampfes, welchen die Atmosphäre bei dieser Temperatur enthalten kann, in Millimetern eines

Quecksilberbarometers, und in der dritten Colonne das Gewicht dieser in einem Cubikmeter Luft als Dampf enthaltenen Wassermenge:

Temperatur in Gr. n. Cels.	Druck des Wasserdampfes in mm.	Gewicht der im Cbm. der Luft enthaltenen Wassermenge. Gramm.
— 20°	1,3	1,5
— 10°	2,6	2,9
0°	3,7	4,0
5°	6,9	7,3
10°	9,5	9,7
15°	12,8	13,0
20°	17,3	17,1
25°	23,1	22,5
30°	30,6	29,4
35°	40,4	38,1
40°	53,0	49,2

Nun enthält aber die Luft nicht immer diese Wassermenge, sondern nur einen Theil, und drückt man die wirkliche vorhandene Dampfmenge in Prozenten der Sättigung aus, wird z. B. gesagt, die Luft hat 75% der Feuchtigkeit bei 20°, so ist damit gemeint, daß der Druck des wirklich vorhandenen Wasserdampfes 12,9 mm und das Gewicht der in einem Cubikmeter enthaltenen Wassermenge 12,9 gr beträgt. Ist also in diesem Falle der Stand des Barometers 765 mm, so ist der Druck der trockenen Luft 752,1, derjenige des Dampfes 12,9 mm.

Aus dieser erläuterten Eigenschaft der Luft erklären sich nun die Erscheinungen der täglichen Variationen des Barometers. Zunächst müssen diese Aenderungen sich am schärfsten an denjenigen Orten zeigen, wo die regelmäßigen Temperaturunterschiede innerhalb eines Tages am größten sind, also in den Tropen. In der That sind, wie oben angegeben, die täglichen Schwankungen dort am bedeutendsten und betragen bis zu 2 mm, während z. B. an den Westküsten Skandinaviens unter dem Einflusse der Golfströmung nur geringe Temperaturunterschiede zwischen Tag und Nacht und daher auch nur unbedeutende Schwankungen des Barometers eintreten. Mit der Einwirkung der Sonnenwärme nämlich muß einerseits die Luft sich ausdehnen und damit an Druck verlieren, d. h. mit Eintritt der wärmern Tageszeit sinkt das Barometer; andererseits aber nimmt der Feuchtigkeitsgehalt der Luft und damit der Druck derselben zu; da jedoch die Entwicklung der Wasserdämpfe langsamer erfolgt als die Erwärmung der Luft, so wird nicht die Zeit des höchsten Barometerstandes mit der der höchsten Temperatur zusammenfallen, vielmehr jene später als letztere eintreten müssen. In der Nacht bewirkt der Niederschlag der Feuchtigkeit aus der Luft als Thau gleichzeitig ein Fallen des Barometers und eine Erwärmung der Luft, während die allgemeine Abkühlung ein Steigen veranlaßt. So sind also zwei Factoren thätig, welche nach einander und in entgegengesetzter Weise wirken, und daher stammt jene Erscheinung der zwei Maxima und der zwei Minima täglich.

§. 13.

Bewegung der Luft.

Wind.

Bei Erwärmung dehnt sich die Luft aus, nimmt wie alle Körper einen größeren Raum ein und wird dadurch leichter, d. h. das Gewicht der gleichen Raummenge atmosphärischer Luft wird kleiner. Umgekehrt zieht sich die Luft wieder zusammen, oder wird schwerer, sobald ihre Temperatur sinkt. Diese Thatsachen bemerken wir täglich, im Winter steigt die Ofenwärme im Zimmer nach oben, es thauen die obersten, mit Eis bedeckten Scheiben des Fensters zuerst auf; wird kalte Luft in einen Raum hineingelassen, so sinkt dieselbe auf den Boden.

Die Erde empfängt wesentlich ihre Wärme von der Sonne vermittelst der Strahlen derselben. Die Größe der Wirkung der Sonnenstrahlen hängt aber von der

Zeitdauer, während welcher sie auf einen Gegenstand fallen, und von dem Winkel ab, unter welchem sie auftreffen*). Am Aequator scheint nun die Sonne täglich gerade 12 Stunden, in den Tropen annähernd diese Zeit, während 12 Stunden lang Nacht ist; daher ist hier die Abkühlung der Luft in der Nacht so groß und der Unterschied zwischen der Temperatur des Tages und der Nacht so bedeutend. Die Sonnenstrahlen fallen dagegen stets senkrecht oder fast senkrecht auf die Erde nieder, daher ist ihre Wirkung so intensiv. In den gemäßigten Zonen ändert sich die Länge von Tag und Nacht stets, dabei steigt aber die Sonne im Sommer höher, im Winter nicht so hoch über den Horizont empor, d. h. der Einfallwinkel ist in ersterem Falle kleiner, in letzterem größer, verschwindet aber nie; daher kann die Erwärmung nie, selbst im Sommer nicht, so bedeutend sein, wie in den Tropenländern. An den Polen strahlt zwar die Sonne ein halb Jahr lang ununterbrochen, aber die Wirkung kann nur gering sein, da der Einfallwinkel stets zu groß ist, indem er nie unter 66½° herunter geht. Unter dem 40. Breitengrad steigt im Winter die Sonne Mittags noch 16½° über den Horizont, unter 43½° (die Nordabhänge des Balkan, Livorno, Florenz) steht die Sonne am Mittage des kürzesten Wintertages noch ebenso hoch, wie am Pol während des ganzen längsten Sommertages. Es können daher die Strahlen gegen die Pole hin nie so erwärmend wirken, es müssen die Luft, die feste Erde und das Meer stets kalt und damit dichter, schwerer bleiben. Wie wir nun schon bei der Entstehung der Wasserströmungen gesehen haben, suchen sich Flüssigkeiten stets so zu ordnen, daß die schwerere den Boden bedeckt. Die Atmosphäre ist eine sehr leicht bewegliche Flüssigkeit und muß daher auch diesem Gesetze gehorchen, d. h. es muß stets eine Bewegung der Luft stattfinden, indem kalte, schwere Luft nach den Tropen

---

*) Unter Einfallwinkel versteht man denjenigen Winkel, welchen der Strahl mit dem im Auffallpunkte auf der beschienenen Fläche errichteten Perpendickel bildet. Betrachtet man die Erde als Kugel, so ist die Verlängerung des Radius dies Perpendikel.

hinströmt über derselben warme leichte Luft nach den Polen abfließt. Es entsteht also auch in der Atmosphäre ein warmer Aequatorial- und ein kalter Polarstrom.

Jede Bewegung der Luft nennt man Wind, und haben wir daher, abgesehen von den localen Aenderungen, zwei Hauptwinde, den feuchtwarmen Aequatorialwind (bei uns nicht als Süd- sondern als Südwestwind auftretend, wie wir bald erklären werden) und den trockenkalten Polarwind (bei uns Nordost).

§. 14.

Passat und Antipassat.

Der Verlauf der Winde würde vollständig regelmäßig sein, wenn die Erde selbst völlig regelmäßig gebaut, wenn die Oberfläche völlig mit Wasser überdeckt wäre. Es werden sich daher auch die Erscheinungen der Luftbewegung am einfachsten entwickeln auf dem Meere, welches von Pol zu Pol ohne Unterbrechung durch das Land reicht; es ist dies beim atlantischen und wenigstens zum Theil beim großen Oceane der Fall.

Dort, wo die Sonne täglich ihre Strahlen senkrecht auf die Meeresfläche herabsendet, am Aequator, wird die Luft am stärksten erwärmt, sie dehnt sich am meisten aus und steigt daher wegen ihrer Leichtigkeit in die Höhe. Hierbei findet keine Bewegung der Luft in der Richtung der Erdoberfläche, d. h. kein Wind statt; es ist dies die Region der Calmen. Es würde indeß falsch sein, sich vorzustellen, daß in diesem Gürtel, dessen Breite zwischen 250 und 1000 Kilometern schwankt, überhaupt stets Windstille herrsche; dieselbe wird vielmehr hier nur viel häufiger beobachtet als anderwärts und wird zeitweise unterbrochen durch heftige Stürme, Wirbelwinde und Gewitter, welche der von Norden oder Süden eindringende Passatwind erzeugt.

Dieser Calmengürtel muß stets in der Nähe des Aequators sein, reicht aber mit der Sonne im Sommer weiter nach Norden im Winter weiter nach Süden. Die

Erwärmung der Luft hängt nun sehr wesentlich auch von der Erwärmung des darunter befindlichen Wassers ab; letzteres saugt gleichsam zunächst die Wärmestrahlen auf und läßt daher die Luft sich nur langsamer erwärmen; umgekehrt ist das Wasser, wenn die Sonne sich abwendet, ein Wärmereservoir, welches an die darüber befindliche Luft Wärme abgibt. Daher wird der Aequator der Calmen nicht mit dem dem Stande der Sonne entsprechenden Breitengrade zusammenfallen, sondern stets hinter der Bewegung der Sonne zurückbleiben.

Durch die Verdünnung der Luft bei der starken Erhöhung ihrer Temperatur im Calmengürtel wird eine sehr bedeutende Erniederung des Druckes herbeigeführt, und wird daher hier stets dichtere und kühlere Luft angesaugt (es findet Aspiration statt). Diese von Norden und von Süden gegen den Calmengürtel wehenden Winde würden ohne Drehung der Erde reine Nord-, resp. Südwinde sein; da nun aber bei der Erdrotation die Drehungsgeschwindigkeit am Aequator am größten ist, gegen Norden und Süden dagegen immer mehr abnimmt, um an den Polen zu verschwinden, und da allen Körpern, also auch der Luft die Eigenschaft der Trägheit anhaftet, so bleibt die von höheren den niederen Breiten zuströmende Luft mit ihrer Drehungsgeschwindigkeit hinter jener der darunter befindlichen Erde zurück; es dreht sich also letztere unter der Luft weg von Westen nach Osten, d. h. für uns wird der Wind nicht als reiner Nord oder Süd sondern als Nordost und Südost erscheinen. Diese regelmäßig wehenden Winde, welche die Portugiesen bei ihren afrikanischen Entdeckungsreisen zuerst beobachteten, werden Passatwinde (von den Engländern trade-winds) genannt. Die beiden Gürtel derselben, welche in einer Breite von 18 — 20° (Nordostpassat) ja sogar von 30° (Südostpassat im Stillen Ocean) die Calmen umgeben, wandern mit letztern, je nach dem Stande der Sonne nach Norden und Süden. Im Sommer stehen unter ihrem Einfluße die Südküsten Spaniens, die Azoren u. s. f., während im Winter ihre Nordgrenze bedeutend weiter nach Süden rückt.

Die in der Region der Calmen aufsteigende warme

Luft breitet sich nun (in einer Höhe von 7 — 8 Kilometern) nach beiden Seiten hin aus und fließt nach Norden und Süden ab über dem Passatwind. Aus demselben Grunde, aus welchem der letztere nach Osten abgelenkt wurde, muß dieser in entgegengesetzter Richtung von den äquatorialen Gegenden nach höheren Breiten abfließende Luftstrom — Antipassat genannt, der echte Aequatorialstrom — nach Westen abgelenkt werden und als Südwestwind auf der nördlichen Halbkugel, als Nordwestwind auf der südlichen Halbkugel auftreten. Diese theoretisch schon von Halley nachgewiesenen Gegenpassate in den Tropen sind durch verschiedene Beobachtungen bestätigt worden. Im Jahre 1812 z. B. wurde die Insel Barbados in den kleinern Antillen, während der Nordostpassat in voller Kraft wehte, von einem vulkanischen Aschenregen heimgesucht; die mikroskopische Untersuchung wies nach, daß diese Aschentheile von dem eben thätigen Vulkane der westlich gelegenen Insel St. Vincent herrührten; sie waren also durch die Gewalt des Ausbruches über die Region des Passates hinaus in jene des Antipassates geschleudert und von diesem nach Osten weitergeführt worden. An den wenigen, auf kleinen Inseln der Tropen gelegenen hohen Bergen, wie an dem Pic de Teyde (fast 3700^{m} hoher Vulkan auf Teneriffa), oder an den Vulkanen Manna-Loa und Manna-Kea der Sandwichinseln kann man ferner stets bemerken, wie die unteren Theile unter dem Einflusse des Passates, die Spitzen dagegen — je nach der Jahreszeit weniger tief oder tiefer hinab — unter jenem des Antipassates stehen. Dieser letztere Wind muß sich in der Höhe mehr und mehr abkühlen und dadurch schwerer werden; gleichzeitig führt er, wie wir bald genauer betrachten werden, große Mengen von Wasserdampf mit sich, so daß er an Gewicht die von den Polen zuströmende trockene Luft übertrifft, er verdichtet sich ferner auch noch deßhalb, weil er einen um so kleinern Raum einnehmen muß, je größer seine Entfernung von dem Aequator ist, denn die Breitengrade nehmen an Länge ab. Alle diese Ursachen bewirken, daß der Antipassat sinken muß; er erreicht die Oberfläche der Erde an der Polargrenze des Passates.

Daher ist hier die Gegend des höchsten mittleren Luftdruckes. Zum Theil mengt sich hier der Antipassat mit dem Passat und kehrt mit diesem gegen die Calmen zurück, ähnlich wie Theile des Golfstromes in diesen selbst zurückkehren und so einen Kreislauf vollenden; der übrige Antipassat strömt gegen die Pole ab und kämpft mit den kalten Luftströmungen um die Herrschaft in den gemäßigten Zonen.

§. 15.

Abweichungen der Passatwinde.

Im vorigen Abschnitte haben wir den Verlauf der Winde in den Tropengegenden betrachtet, wie er sich auf dem offenen Meere gestaltet. Auf dem Festlande finden wir diese regelmäßigen Luftströmungen nicht in dem Maße, vielmehr erleiden dieselben hier wesentliche Veränderungen. Das feste Land wird durch die Sonnenstrahlen viel rascher erwärmt, als das Wasser; in Folge dessen muß auch die Luft über den Continenten sich unter dem Einfluße der Sonnenstrahlen rascher erwärmen und des Nachts rascher und stärker wieder abkühlen, als über dem Meere. Diese Verschiedenheiten müssen sich an den Küsten durch Bewegungen in der Atmosphäre zeigen. In der That finden wir allerwärts diesen Einfluß des Festlandes auf die Entstehung und Richtung der Winde. Sobald z. B. die höhersteigende Sonne die gebirgigen Küsten der Sundainseln stärker erwärmt und damit zugleich die darüber befindliche Luft auflockert, während die Atmosphäre über dem Meere eine niedere Temperatur und dadurch eine größere Dichte beibehält, strömt von der See zum Land der Wind (Seewind) und erleichtert den Schiffen das Landen; sobald aber nach dem Untergang der Sonne sich die Luft über dem Festlande mit diesem letzteren rascher abkühlt als über der See und daher schwerer wird, beginnt umgekehrt vom Lande gegen die See der Wind zu wehen (Landwind), der bei Sonnenaufgang, der Zeit der niedrigsten Temperatur, am stärksten ist und später wieder dem Seewinde Platz macht.

Dieselbe Erscheinung in kleinerem Maßstabe beobachtet man auch in scharf eingeschnittenen Flußthälern; aus den Seitenthälern weht am Abend bei Sonnenuntergang und in der Nacht ein kühler Wind zu dem wärmeren Wasser; (bekannt ist z. B. der sogenannte Wisperwind, welcher bei Lorch aus dem Wisperthale hervorströmt und an dem gegenüberliegenden Felsenufer sich bricht, um zum Theil bis nach Bingen hinauf und nach Bacharach stromabwärts zu wehen).

Eine weitere Folge dieser rascheren Erwärmung der Atmosphäre über Continenten ist, daß die Passate an den Küsten abgelenkt werden und daher hier ihre Regelmäßigkeit verlieren. Doch sind die Festländer selbst dem Einflusse der Passate und Calmen nicht entzogen. Die Sahara verdankt ihre alle Vegetation tödtende Dürre wesentlich dem herrschenden trockenen Nordostpassat; es strömt nämlich von Norden, namentlich von den Ländern des Mittelmeeres unausgesetzt Luft nach dem Gebiete der Wüste und kann, hier stark erwärmt, keine Feuchtigkeit abgeben. Umgekehrt trifft der aus der Sahara aufsteigende dürre Gluthwind bei seinem Abfließen nach Norden Sicilien und Italien als Sirocco, dessen Trockenheit und Wärme Alles erschlaffen läßt und namentlich Pflanzen im Wachsthum stark schädigt. Bekannt sind die Bora in Istrien, Dalmatien und auf dem adriatischen Meere, sowie die Nordwinde, welche die Balearen und vorzüglich Menorca vielfach verheeren. Süd-Afrika wird nach Livingstone von der Zambesimündung bis zur Westküste Angola von dem Südostpassat bestrichen. In das Innere Süd-Amerikas dringt im Gebiete des la Plata derselbe feuchte Wind; der Passat wird im Thale des Amazonenstromes in der Richtung des Thales abgelenkt und erreicht in demselben die Hochländer Perus.

Die stärkste Einwirkung des Continentes auf die Winde in den Tropen zeigt sich im indischen Oceane. Wenn die Sonne südlich des Aequators steht, also die Calmenregion ebenfalls nach Süden gerückt ist, sind die unter dem Wendekreise des Krebses und nördlich desselben gelegenen Hochländer Asiens einer starken Abkühlung ausgesetzt, es strömt daher von hier die dichtere Luft als Nordostpassat dem Aequator zu. Tritt aber die Sonne nach Norden gegen den Wendekreis des Krebses, so erwärmt sich das Festland, namentlich das Tiefland des Ganges und das Hochland von Tübet bedeutend stärker als das indische Meer; die Region der Calmen wird weit nach Norden über den Aequator hinaus verschoben und es strömt feuchte Luft von dem Meere nach Norden zu; dieser Wind muß nach den früheren Erläuterungen nach Westen abgelenkt werden, nnd daher weht während des Sommers ein halbes Jahr lang Südwestwind, während im Winter der Nordost herrschte. Dieser regelmäßig abwechselnde Wind wird „Monsun" genannt; er war schon den alten Völkern bekannt. Durch die Formationen des Festlandes wird er vielfach von seiner ursprünglichen Richtung abgelenkt; so strömt er von Süden nach Norden durch die Thäler der hinterindischen Flüsse.

Der Südwestmonsun trifft in Vorderindien auf die Wand des Himalaya, den er nirgends übersteigt. Er hat meist nur eine Höhe von 2000 m; über ihn lagert sich der von dem Plateau über das Gebirge hervorbrechende eigentliche Passat.

§. 16.

Die Winde in den gemäßigten Zonen.

Während in den Tropen und den angrenzenden Ländern die Winde mit großer Regelmäßigkeit wehen, zeichnen sich die beiden gemäßigten Zonen durch die stete Veränderlichkeit der Winde, sowohl was die Stärke, als auch was die Richtung anbetrifft, aus. Dazu kommt, daß in den niederen Regionen dieser Zonen jede Bewegung der Luft stoßweise erfolgt, eine Erscheinung, die ihren Grund in den Unebenheiten des Bodens und in der dadurch bedingten Reibung hat; in den höheren Regionen tritt sie daher nicht auf; der Wind weht hier gleichförmig, wie man an dem Zuge der Wolken sehen kann, und wie man bei Fahrten im Luftballon auch direct beobachtet hat.

In den Gegenden der veränderlichen Winde streiten stets miteinander um die Herrschaft der von den Polen nach dem Aequator sich wendende Polarstrom, welcher den früheren Ausführungen gemäß bei uns als Nordostwind auftreten muß, und der von den Calmen nach den Polen abfließende Antipassat, der auf der nördlichen Erdhemisphäre als Südwest, auf der südlichen als Nordwestwind erscheint. Der erstere ist dichter, also auch schwerer und sucht daher stets nach unten zu kommen; je weiter er aber nach Süden fortschreitet, desto mehr erwärmt er sich, desto leichter wird er also; da er gleichzeitig mit dem Fortschreiten wegen der immer größer werdenden Ausdehnung der Erde gegen den Aequator hin auch einen immer größeren Raum einnehmen muß, so wird die Abnahme seiner Dichte zuletzt so bedeutend, daß er manchmal von dem Aequatorialstrome zurückgedrängt wird. Diesem letztern stehn im Kampfe mit dem Polarstrome grade die umgekehrten Erscheinungen zur Seite; je weiter er nach Norden fortschreitet, um so mehr wird er abgekühlt, einen um so kleineren Raum nimmt er ein und aus beiden Gründen muß seine Schwere zunehmen, eine Zunahme, die freilich, wie wir bald sehen werden, durch den Verlust an Feuchtigkeit — durch die atmosphärischen Niederschläge — wieder vermindert wird.

Tritt der Antipassat mit starker Kraft auf, so muß seine Richtung mehr eine südliche sein; je länger er aber weht, um so mehr muß er sich, da jede folgende Luftwelle weiter aus dem Süden herkommt, nach Westen umdrehen. Trifft er nun auf den Polarstrom, und ist keiner der beiden Winde kräftig genug, allein die Herrschaft zu behaupten, oder lagern sich dieselben bei ungleicher Schwere nicht übereinander — wie man dies sehr häufig an den in verschiedenen Höhen auch nach verschiedenen Gegenden ziehenden Wolken beobachten kann —, so bildet sich aus beiden Winden eine Mittelrichtung, d. h. es dreht sich der Wind nach Nordwesten, um dann, je mehr der Polarstrom das Uebergewicht erlangt, nach Norden und schließlich nach Nordosten überzugehen. Von dieser Richtung wendet sich dann der Wind unter analogen Verhältnissen über Ost, Südost nach Süd und Südwesten.

Nach allen Beobachtungen folgen über ³/₄ aller Winde diesem Drehungsgesetze (nach dem Entdecker Dove'sches genannt).

Zu diesen, die Bewegung der Atmosphäre im Allgemeinen regelnden Gesetzen treten noch einige andere Erscheinungen hinzu, welche auf das Vorwiegen bestimmter Winde in einzelnen Gegenden von wesentlichem Einflusse sind. Zunächst ist hier wiederum der Unterschied der Erwärmung und Abkühlung der Luft über dem Festlande und dem Meere und die ungleiche Vertheilung dieser beiden auf der Erdoberfläche von Bedeutung. Im Winter kühlt sich die Luft über den großen Continenten wesentlich stärker ab, wird also dichter und schwerer, als über dem Meere; daher stehen Asien und Osteuropa ebenso wie Nord-Amerika unter dem Einflusse des eisigen Polarstromes. Der Winter ist hier lange anhaltend und sehr viel kälter, als in Westeuropa unter den gleichen Breiten. In Ostasien und an der Ostküste Nord-Amerika's bringen daher auch die aus dem Innern, den Kältecentren, hervorbrechenden Nordwestwinde den intensivsten Frost.

Der wüstenartige Charakter der Hochländer Innerasiens und die geringe Culturfähigkeit Nordasiens werden durch diese hohe Winterkälte und die im früheren besprochene bedeutende trockne Wärme — in Tübet — wesentlich bedingt.

Auf dem warmen Wasser des Golfstromes wird die Atmosphäre gelockert, es bilden sich hier stets neue Minima von Druck, welche aus der Umgebung Luft ansaugen. Indem nun das Centrum des geringsten Luftdruckes sich im Allgemeinen von Südwest nach Nordosten vorwärts bewegt, müssen die nach ihm wehenden und deshalb mit ihm fortschreitenden Winde an jedem Orte sich in ihrer Richtung stetig ändern. Dieser steten Erwärmung der Atmosphäre durch den Golfstrom verdankt Westeuropa, in welchem die feuchtwarmen Südwest- und Westwinde bedeutend überwiegen, hauptsächlich sein mildes Klima.

Auch locale Einflüsse erzeugen auf dem Festlande besondere Winde und Aenderungen in der Richtung derselben. So wird z. B. in scharf eingeschnittenen Thälern zwischen einzelnen Gebirgszügen oder in Plateaux jeder Wind nach der Richtung des Thales abgelenkt werden. Ein prägnantes Beispiel für diese Richtungsbestimmung des Windes durch die Form der Thäler bietet der heiße Föhn in den Alpen dar, welcher je nach dem Thale, welchem er folgt, als Süd- Südwest-, West- oder Südostwind auftritt. Wenn im Frühlinge die höher steigende Sonne die Ebenen von Languedoc in Südfrankreich stark erwärmt, während die Höhen der Cevennen noch von Schnee bedeckt sind, und daher die über ihnen stehende Luft noch schwer ist, so entsteht der in jenen Gegenden so sehr gefürchtete Mistral.

§. 17.

Stürme und Wirbelwinde.

Wie im Vorhergehenden gezeigt wurde, wird jede Bewegung der Luft durch die verschiedene Schwere und Expansion derselben an verschiedenen Stellen bedingt; es sucht die Natur durch die Strömungen in der Atmosphäre das gestörte Gleichgewicht derselben wieder herzustellen. Dieser Ausgleichungsproceß in der Luft, mag er nun auf der Oberfläche der Erde oder in den höheren Regionen vor sich gehen, wird mit einer um so größeren Heftigkeit erfolgen, je größer der Unterschied in Schwere und Druck zwischen den beiden sich ausgleichenden Luftschichten ist. Es müssen daher die Winde eine sehr verschiedene Stärke in den einzelnen Fällen zeigen und damit proportional eine verschiedene Geschwindigkeit. Sobald diese letztere, welche bei leichten Winden häufig nur 1 — 2 ᵐ in der Secunde beträgt, und bei 2 — 3 ᵐ einen angenehmen Wind (häufig wegen des Vorwiegens der Westwinde auch Zephyr in der dichterischen Sprache genannt) erzeugt, auf 10 ᵐ steigt, wird der Wind stark genannt; der heftige Wind saust schon mit einer Geschwindigkeit bis zu 16 ᵐ über das Land, und die Stürme rasen mit einer noch größeren Schnelligkeit einher, welche sich bei den heftigsten Orkanen bisweilen bis zu 40 ᵐ steigert.

Die Stürme werden dort am häufigsten und am

heftigsten auftreten, wo die Differenzen in der Schwere und Expansion der naheliegenden Luftschichten am bedeutendsten sind und am leichtesten durch die Sonnenwärme erzeugt werden, also in den Tropen und den angrenzenden Ländern. Die rasche und bedeutende Erwärmung der Luftschichten an einzelnen Punkten, begünstigt durch locale Einflüsse, erzeugt eine solche Auflockerung, daß die schwerere Luft mit großer Gewalt angesaugt wird und daher mit bedeutender Geschwindigkeit in den Kessel der verdünnten Luft hineinstürzt. Trifft nun ein Luftstrom mit einer ruhenden Luftschicht zusammen, so setzt sie die angrenzenden Theile in drehende Bewegung; dies beobachten wir im Sommer an schwülen Tagen, wo die ersten, in die stehende Luft eindringenden Luftwellen kleine Wirbel erzeugen, durch welche Staub, Blätter und leichtere Gegenstände in die Drehung mit hinein gezogen werden. Größere und stärkere Wirbel, Tromben genannt, üben in ihrem Fortschreiten bedeutende Wirkungen aus, decken Häuser ab, reißen Bäume aus und tragen Trümmer weithin (Mai 1835 zu Coblenz). Geht solch eine Trombe über Wasser, so reißt sie dasselbe mit in die wirbelnde Bewegung hinein; es entsteht eine Wasserhose, welche im Niederstürzen auf dem Festlande schreckliche Verwüstungen anzurichten vermag. Wirbel bilden sich ferner, wenn ein kräftiger Wind schief auf einen Widerstand, z. B. auf ein Gebirge aufstößt. In viel großartigerem Maßstabe entstehen aber durch das Hineinstürzen eines heftigen Luftstromes in einen zweiten von anderer Schwere und Richtung in den warmen Zonen Wirbelwinde, Cyclonen, welche das Centrum des niedersten Luftdruckes kreisförmig umströmen; der Mittelpunkt dieser Sturmwirbel, welche bisweilen einen Durchmesser von 12 Breitegraden haben, bleibt nicht stehen, sondern bewegt sich selbst in dem Gebiete des Nordostpassates — wol in Folge von dessen Druck — nach Nordwesten, um nördlich desselben in sanftem Bogen nach Norden und dann nach Nordosten in veränderlicher Geschwindigkeit und immer größer werdenden Kreisen fortzuschreiten, bis durch die Reibung der sich drehenden an den umgebenden Luftschichten die Bewegung nachläßt und schließlich aufhört. Auf der südlichen Erdhälfte schreitet das Centrum der Cyclone in umgekehrter Richtung fort; seine Bahn ist im Gebiete des Passates von Nordost nach Südwest gerichtet, dreht sich dann, um im Gebiete der veränderlichen Winde nach Südost zu verlaufen. Der Orkan umsaust mit furchtbarer Geschwindigkeit die Drehungsaxe, welche häufig bis zu 3000 ^{m} in die Atmosphäre hinauf reicht; durch diese Rotation wird — durch die Centrifugalkraft — die Luft aus der Mitte herausgeschleudert, so daß hier der atmosphärische Druck sehr abnimmt; man hat bisweilen ein Fallen des Barometers um mehr als 60 ^{mm} beobachtet. Die Richtung, in welcher der Wirbelwind sich dreht, ist auf beiden Erdhälften verschieden; auf der nördlichen umkreist er von Norden über Westen nach Süden und von Süden über Osten nach Norden, auf der südlichen in der umgekehrten Bahn seine Axe.

Diese Cyclonen, welche verschiedene Namen führen (in Westindien „Hurican", in den chinesischen Meeren „Typhon", an der afrikanischen Küste „Tornado") sind am häufigsten zur Zeit der Umkehr der Passate. Ihre Wirkung ist bisweilen eine furchtbare. Der sogenannte große Orkan vom 10. October 1780 verödete die Insel Barbados durch Zerstörung aller Bäume und Häuser, vernichtete bei Santa Lucia eine ganze englische Flotte, begrub auf dieser Insel über 6000 Menschen unter den Trümmern der Gebäude, zerstörte auf Martinique den Hauptort St. Pierre sowie andere Orte und an der Küste zahlreiche Schiffe und bezeichnete seine ganze Bahn über Domenique, Puerto Rico, die Bahama und Bermudas-Inseln durch Trümmer. Eine Cyclone zerstörte 1837 das Fort am Eingange des Hafens von St. Thomas. An der Südküste Chinas (Macao, Victoria) und den Inseln der dortigen Meere sind die von den Wirbelwinden herbeigeführten Zerstörungen häufig ebenso groß. Das Wasser steigt in der Mitte des Wirbels in Folge des geringeren Luftdrucks hoch an zu einer Sturmfluth, welche die Küsten weithin überschwemmt und zerklüftet, so bei Calcutta am Hugly.

Vollständig anderer Art sind die in einer Richtung wehenden Stürme oder Windstöße; weniger heftig als die betrachteten Cyclonen treten sie mit um so größerer Häufigkeit auf. Westlich von Schottland kann man fast an jedem zweiten Tage während der Wintermonate auf einen Sturm rechnen, und auf Faröer hindern sie jeden Baumwuchs. Bekannt wegen der Stürme sind der Biscayi'sche Busen und das schwarze Meer, ferner die Westküste der Halbinsel Jütland. Im Allgemeinen treten sie bei der Umkehr der Jahreszeiten, also für uns um die Zeiten der Tag- und Nachtgleichen, am zahlreichsten auf. In ihrer Wirkung bisweilen großartig (März 1876), bleiben sie doch stets hinter jenen der Tropen weit zurück.

§ 18.

Die Hydrometeore.

In § 12 wurde bereits darauf hingewiesen, daß die Atmosphäre stets eine gewisse, von der Temperatur abhängige Menge von Feuchtigkeit enthält. Es muß nun offenbar diejenige Luft die größte (relative) Menge Wasserdampf haben, welche über dem warmen Meere selbst stark erwärmt worden ist. Daher sind die aus den Tropenländern nach den Polen sich wendenden Aequatorialströme, die in den Calmen über dem Meere aufsteigenden Luftmengen mit Wasserdampf gesättigt. Tritt nun eine Abkühlung ein, so kann die Atmosphäre nicht diese ganze Wassermenge behalten: es muß von dem Dampfe ein Theil ausgeschieden werden und sich wieder in anderer Form niederschlagen; es sind dies die atmosphärischen Niederschläge. Wir unterscheiden unter denselben: Thau, Regen, Schnee, Hagel.

Ehe wir zu der Betrachtung dieser einzelnen Hydrometeore übergehen, müssen wir noch einige Erläuterungen vorauf schicken. Bei jeder Aenderung eines Aggregatzustandes (die meisten der uns bekannten Körper kommen fest, flüssig und gasförmig vor) in einen andern, wird Wärme entweder gebunden oder frei. Wenn Eis in Wasser übergeführt wird, oder Wasser in Dampf, so ist hierzu eine gewisse Wärmemenge nothwendig, welche für unser Gefühl (als Temperatur) verloren geht. So kann man z. B. mit derselben Wärmemenge ein Kilogramm Wasser von 0° fast bis zu 80° erhitzen, mit welcher man dasselbe Gewicht an Eis von 0° in Wasser derselben Temperatur umwandelt, oder ein gleiches Gewicht Wasser von nahe 80° und Eis von 0° ergeben zusammen ein Gemisch Wasser von 0°. Ebenso verschwinden bei der Umbildung von Wasser in Dampf große Wärmemengen und umgekehrt erscheinen bei der Condensation des Dampfes in Wasser oder der Umwandlung von Wasser in Eis wiederum jene früher gleichsam verschwundenen Wärmemengen. Auf diesen Eigenschaften beruhen eine große Menge von Naturerscheinungen, welche zum Theil auch hier in Betracht kommen. So erklärt sich hieraus, daß die Temperatur der Atmosphäre über dem Wasser nur sehr allmählich sich erhöht, indem ein großer Theil der Sonnenwärme zur Bildung des Dampfes verwandt wird. Beim Eintritte des Frostes erstarrt immer nur von der oberen Decke ab eine kleine Schicht des Wassers zu Eis, indem die durch diese theilweise Eisbildung freiwerdende Wärme das Fortschreiten der Erstarrung gänzlich verhindert oder verlangsamt; selbst bei großer Kälte frieren daher die Gewässer nicht über eine verhältnißmäßig geringe Tiefe hinaus. Die bei plötzlich eintretender Abkühlung der feuchten Luft veranlaßten Regengüsse erwärmen wiederum die Luft, während die größeren Eismassen auf Meer, Seen und Flüssen, sowie das Schmelzen des Schnees im Frühlinge die rasche und starke Erwärmung der Atmosphäre hindern.

Erhöht sich über festem Lande während des Tages die Temperatur der Luft unter dem Einflusse der Sonnenstrahlen bei klarem Himmel, so steigert sich namentlich bei feuchtem Boden auch der Feuchtigkeitsgehalt durch Verdampfung von Wasser aus Flüssen, Quellen, Teichen u. s. f. Der Sättigungspunkt wird hierbei nie eintreten, und verhältnißmäßig zeigen die tiefsten Schichten den höchsten Dampfgehalt. In der Nacht verliert der Boden wiederum durch S t r a h l u n g seine Wärme, — am stärksten im Frühjahre, wo die Erwärmung noch nicht tief in das Innere eingedrungen ist, und dann im Spätherbste, wo die Nächte bereits länger sind als die Tage — und gleichzeitig kühlt sich die unterste auf dem Boden ruhende Luftschicht ab, so daß sie nicht mehr die vorhandene Feuchtigkeit behalten kann; daher schlägt sich von dieser ein Theil auf die Erde nieder und erfrischt als Thautropfen die Gewächse.

Kühlt sich Nachts die stehende Luft nicht blos in ihrer niedersten Schicht, sondern auch in bedeutenderer Höhe soviel ab, daß der Feuchtigkeitsgehalt eben den Sättigungspunkt erreicht, so bilden sich feine Dunstbläschen in der ganzen Höhe der abgekühlten dampfreichen Atmosphäre, welche uns als Nebel erscheinen; sie verhindern eine weitere stärkere Abkühlung durch Ausstrahlung gegen Außen und verschwinden erst unter dem Einflusse der durch die Sonne erhöhten Temperatur.

Wird die Temperatur eines feuchtwarmen Luftstromes erniedrigt, sei es dadurch, daß derselbe mit einem kühleren in Berührung tritt, sei es, daß er auf kälteres Land trifft, so bilden sich in ihm Nebel, die mit dem Winde selbst vorwärts schreiten. Wir nennen diese Gebilde Wolken. Ihrer Form nach unterscheidet man nach Howard gewöhnlich Feder-, Haufen- und Schichtwolken. Die erstere, auch Schäferwölkchen (Cirrus) genannt, besteht aus zarten, federartigen Fasern, meist ganz dünn und weiß, welche namentlich nach länger anhaltendem schönen klaren Wetter erscheinen und die ersten Anzeichen sind, daß in den höheren Luftschichten die feuchtwarme und die trocken kühlere Atmosphäre in Contact treten. Die Haufenwolke (Cumulus) zeigt in scharf abgerundeten Theilen, wie der kalte Wind in die feuchtwarme Luftschicht eintritt; ihre häufig malerischen, rasch wechselnden Formen erscheinen am schönsten bei Abendbeleuchtung, wo sie unter dem Glanze der Sonne einem fernen Schneegebirge gleichen, oder in der Nacht, wenn die zuckenden Blitze die einzelnen Theile scharf erkennen lassen. Die Schichtwolke (Stratus) besteht in langgezogenen Streifen und bildet sich namentlich bei der Abkühlung des Aequatorialstromes an den Abhängen hoher Gebirge.

Wolken können, wie dies schon aus ihrer Entstehung erhellt, in den verschiedensten Höhen sich zeigen. Im Allgemeinen werden die zarten, wenig dichten Federwolken den höheren Theilen der Atmosphäre angehören, welche zu wenig dicht und zu kalt sind, um starke Wolkenmassen zu erzeugen. Man hat solche Wolken in der Höhe von fast 12000 m gesehen, während die Haufen- und Schichtwolken häufig fast bis auf die Erde herabhangen. Die verticale Dimension und ebenso die horizontale sind sehr unterschiedlich. Die Gebirgskämme ragen häufig weit über dieselben hinaus und erfreuen sich des heitersten Himmels, während im Thale weit und breit schon tagelang kein Sonnenstrahl gelächelt hat.

Ist die Abkühlung der mit Wasserdampf gesättigten Luft sehr stark, so muß der Theil desselben, welcher über den Sättigungspunkt hinaus vorhanden ist, condensirt werden, d. h. die Nebeltröpfchen und -bläschen vereinen sich zu Tropfen, welche zufolge ihrer Schwere auf die Erde niederfallen. Es regnet. Je nach der verhältnißmäßigen Stärke der Abkühlung treten diese atmosphärischen Niederschläge als Regen, (Staub-, starker, Gewitterregen, Wolkenbruch) oder als Schnee oder als Hagel auf. Erfolgt die Abkühlung allmählich, so erhält man anhaltenden Landregen; erfolgt sie plötzlich und heftig, so entstehen Platzregen, welche meist mit elektrischen Erscheinungen verbunden sind (Gewitter) und bisweilen in solcher Heftigkeit auftreten, daß man die Erscheinung einen Wolkenbruch nennt; findet die langsame Condensation bei einer Temperatur unter 0° statt, so krystallisiren sich die einzelnen Dunsttröpfchen und bilden dadurch die reichgestalteten Schneeflocken; tritt aber die Erstarrung erst nach der Bildung der Tropfen ein, so werden diese letztern in Hagelkörner umgewandelt. Daß es zwischen allen hier besprochenen Erscheinungen Uebergänge gibt, braucht nicht besonders erwähnt zu werden.

In den warmen Ländern, in denen nie die Temperatur der unteren Atmosphäre auf 0° sinkt, kann nie Schnee fallen. Hier sind die Platz- und Gewitterregen die einzigen vorkommenden Hydrometeore; sie sind bedeutend heftiger, als in den andern Zonen der Erde. In den kalten Gebieten erfolgen fast alle Niederschläge in Form von Schnee, während die gemäßigten Zonen alle Arten von Niederschlägen aufweisen. Abgesehen von den Gebirgen, in welchen wegen ihrer höheren Lage völlig andere Verhältnisse stattfinden müssen, zieht sich die äquatoriale Grenze des Schneefalles auf der nördlichen Hemisphäre an den Westküsten der Erdtheile nicht so weit nach Süden, als an den Ostküsten. Wenn auch sehr selten, so wird doch zeitweise Schneefall in Spanien bis nach Andalusien hinab, auf Sicilien, in Griechenland beobachtet, während Candia und Cypern, ebenso wie die Südküste Kleinasiens stets davon verschont bleiben.

§ 19.

Wind und Wetter.

Größe der atmosphärischen Niederschläge.

Im vorhergehenden Paragraphen ist gezeigt worden, in welcher Weise die einzelnen Erscheinungen der atmosphärischen Niederschläge mit den Luftströmungen zusammenhängen. Der feuchtwarme Aequatorialstrom und der Seewind bringen Regen, während bei herrschendem Polarstrome trockenes Wetter eintreten muß; dabei ist es ebenso klar, daß eine in oberen Bezirken in den kalten Strom eindringende Schicht feuchter, warmer Luft sich abkühlen und ihren Dunstgehalt als Regen abgeben muß, wie daß ein in den warmen Südweststrom eindringender kalter Nordostwind Niederschlag erzeugt, obschon im ersten Falle für unsere nächste Beobachtung der Polarstrom und im zweiten der Aequatorialstrom zu herrschen scheint. Nach unsern frühern Bemerkungen ist nun die durch das Barometer gemessene Expansion von der Dichte der Luft abhängig; es fällt daher die Quecksilbersäule des genannten Instrumentes, wenn der warme und feuchte Aequatorialstrom zur Herrschaft gelangt, während sie steigt, sobald dieser von dem Polarstrome wieder verdrängt wird; bei Cyclonen und Stürmen muß sie nach dem bereits Gesagten noch mehr fallen. Auf diesen Thatsachen beruht der Gebrauch des Barometers als „Wetterglas". In wie weit nun diese Bezeichnung eine richtige ist, geht aus obigen Erklärungen genugsam hervor.

In der Verschiedenheit der Vertheilung von Festland und Wasser, in der Richtung der Warm- und Kaltwasserströmungen auf den einzelnen Theilen der Erdoberfläche und in der Mannigfaltigkeit der verticalen Gliederung der Festländer ist neben der zum Theil durch diese Umstände ebenfalls bedingten Vertheilung der beiden Windarten die Häufigkeit und Stärke der atmosphärischen Niederschläge und deren Vertheilung auf die verschiedenen Jahreszeiten begründet. Im Allgemeinen werden die Küstenländer ebenso wie die zerrissenen Gebirgszüge, in deren Thälern das Zusammentreffen verschiedener Winde begünstigt wird, stärker von Regengüssen heimgesucht, als weite ebene Flächen im Binnenlande. Einen sehr erheblichen Einfluß übt auch die Vegetation aus und zwar in dem Sinne, daß die Heftigkeit der Niederschläge in stark bewaldeten Gegenden vermindert und eine gleichförmigere Vertheilung auf das ganze Jahr herbeigeführt wird.

In der Region der Calmen sind alle Niederschläge von heftigen Gewittern begleitet; sie treten mit großer Regelmäßigkeit, in einzelnen Bezirken fast täglich auf, es steigt daher die Regenmenge hier zu einer bedeutenden Höhe an. Da nun der Calmengürtel in steter Wanderung begriffen ist und sich mit der Sonne nach Norden resp. nach Süden verschiebt, so haben fast die meisten Tropenländer eine Regenperiode; man unterscheidet nicht Sommer und Winter, sondern die Regen- und regenlose Zeit. Die Regenhöhe steigt hier an einzelnen Orten bis zu 8 m, ja an den Bergabhängen südlich des Bramaputrathales bis zu 14 — 15 m! Ueberhaupt scheinen die Küsten von Arracon und Malabar die bedeutendste Regenmenge auf der Erde zu haben; nächstdem sind in den Tropen die atmosphärischen Niederschläge am größten an den Abhängen des Himalaya, im ganzen Küstengebiete Hinterindiens, auf den Sundainseln (einschließlich der Philippinen, Molukken), auf Neu-Guinea, an der Ostküste Centralafrikas, an der Küste von Ober-Guinea, in Senegambien (auch im Süden), im ganzen Gebiete des Amazonenstromes, an der Ostküste Brasiliens und in Central-Amerika. Neben diesen Gebieten der größten atmosphärischen Niederschläge liegen aber auch in den Tropen die Länder fast absoluter Regenlosigkeit, Bezirke, deren Formation und Lage das Eintreten warmer, feuchter Seewinde verhindert. Hierhin gehören das Küstenland von Nordchile, Bolivien und Süd-Peru bis zu den Anden, die Sahara, Ober-Aegypten, Nubien, Inner-Arabien und ein Theil des Plateaus von Iran. Dieser Mangel an Feuchtigkeit bewirkt die Oede und Unbewohnbarkeit der genannten Länder. In den gemäßigten Ländern ist nur ein Theil des centralasiatischen Hochlandes (die Wüste Gobi) regenlos; regenarm ist die Wüste Kalahari und auch die Karrooebene in Süd-Afrika.

Auf der Nordhälfte der Erde, nördlich der Tropen, wechseln die Gebiete des ständigen Regens (wie die Küste des großen Oceans vom Oregon bis zur Tschuktschen-Halbinsel) mit denjenigen ab, in denen die meisten Niederschläge in bestimmten Jahreszeiten stattfinden; so concentriren sich dieselben in West-Europa auf den Herbst, in Ost-Europa, Nordasien und in den Oststaaten Nord-Amerikas auf den Sommer, im Gebiete des Behringsmeeres und in Süd-Europa auf den Winter. Dabei sind die Niederschläge nicht so heftig, die Nebel dagegen häufiger, als in den Tropen. Während sich z. B. die Antillen selbst während der Regenzeit täglich des Sonnenscheins erfreuen, und sich die Zeit des bedeckten Himmels nur auf einige Stunden des Nachmittags beschränkt, durchbricht auf den Faröer-Inseln die Sonne nur selten die Nebel und Wolken, und doch ist die Regenhöhe dort 10 mal größer als hier. Von allen Orten Europas haben Coimbra (mit 3,43 m) und Westmoreland (mit 3,8 m Regenhöhe) die feuchteste Lage, wogegen das Innere der spanischen Halbinsel an Dürre leidet. Irland, die Bretagne, Westengland, Norwegen sind ebenfalls sehr regenreich; in Deutschland haben die meisten atmosphärischen Niederschläge das Salzkammergut, der Harz, der Wasgau, dann der Böhmer-, der Thüringerwald, die westliche Eifel.

§ 20.

Die elektrischen und magnetischen Erscheinungen.

Jede Verdampfung von Wasser scheint mit elektrischen Störungen verknüpft zu sein, denen zu Folge dann bei jedem Niederschlage das gestörte elektrische Gleichgewicht sich wieder herzustellen sucht. Dieser Ausgleich ist jedoch bei dem gewöhnlichen Regen und Schneefall zu schwach, um direkt beobachtet werden zu können. Bei heftigen Niederschlägen dagegen zeigen sich auch die elektrischen Entladungen als Blitze; man bezeichnet alsdann die atmosphärische Erscheinung als Gewitter. Bei Weitem die meisten Cumuluswolken derselben sind in ihren verschiedenen Theilen mit verschiedener Electricität geladen, und ist alsdann der Blitz die Ausgleichung der positiven und negativen Elektricität der Wolken; wir sehen ihn alsdann nur als ein zuckendes Erleuchten der einzelnen Wolkenballungen; nur wenn zwischen entfernten Theilen der Ausgleich stattfindet, erscheint der grelle Zickzackblitz, welcher auf seinem Wege alle ihm nahegelegenen Punkte hoher elektrischer Spannung trifft und bisweilen eine bedeutende Länge (bis zu 12 Kilometern) erlangt. Bei einzelnen Gewittern, namentlich bei Wolkenbrüchen, sind die Blitze so zahlreich, daß man kaum die einzelnen zu unterscheiden vermag, während bei andern nur wenige elektrische Entladungen beobachtet werden. Jederzeit ist nun die Störung des elektrischen Gleichgewichtes nicht blos auf die Atmosphäre beschränkt, sondern es muß, wie dies in der Physik nachgewiesen wird, dieselbe sich auch auf die Erde selbst erstrecken. Daher sieht man bisweilen die Spitzen von Kirchthürmen, ferner Bäume, Schiffsmaste und selbst Menschen (namentlich nervöse) zur Zeit der Gewitter Elektricität ausstrahlen (St. Elmsfeuer). Findet zwischen den Wolken und der Erde der Ausgleich statt, so sagt man: der Blitz hat eingeschlagen. Schmelzung von Gesteinen (Blitzröhren), Entzündung brennbarer Körper, Zertrümmerung und Wegschleuderung fester Körper sind die Hauptwirkungen des einschlagenden Blitzes auf die feste Erde. Tief ziehende Gewitter mit wenigen Blitzen weisen die meisten Einschläge auf (z. B. das Gewitter am Abend des Fastnachtsonntag 1860, welches in wenigen Stunden von Remagen dem Rheinthale folgend und dann quer hinüber nach der Maas fortschreitend fast nur einschlagende Blitze zeigte und zahlreiche Kirchen in Brand steckte).

Die Gewitter sind am zahlreichsten in den Tropen, gegen die Pole hin nehmen sie immer mehr ab, in den kalten und regenlosen Zonen sind sie unbekannt. Manche Orte zwischen den Wendekreisen haben Monate lang täglich Gewitter, das Nildelta jährlich durchschnittlich nur zwei, die meisten Orte Deutschlands zwischen zwanzig und dreißig. Sie entstehen größten Theils über dem Meere nahe der Küste und sind daher im Binnenlande, wie auf der offnen See seltner; sie verbreiten sich mit großer Geschwindigkeit mit dem sie erzeugenden Luftstrom, verlieren aber über ausgedehnten Wäldern, deren Bäume wie ebenso viele die Electricität gleichsam aufsaugende Blitzableiter wirken, ihre Gewalt; an Gebirgen, über welche der Luftstrom nicht hinweg kann, bleiben sie scheinbar hängen. Die im Innern der Festländer entstehenden — meist weniger heftigen — Gewitter ziehen aus naheliegenden Gründen gewöhnlich den Flußthälern nach. Am zahlreichsten treten sie im Frühjahre und Sommer, zur Zeit des siegreich fortschreitenden Aequatorialstromes auf, im Winter sind sie äußerst selten.

Je seltener in den den Polen zugewandten Gegenden die Gewitter werden, um so häufiger wird hier eine Erscheinung beobachtet, die man mit dem Namen des Nordlichts oder des magnetischen Gewitters belegt. Von einem Kreisbogen aus über dem nördlichen Horizonte strahlen rothe, zuckende Blitze, ohne daß eine Wolke sichtbar ist. Dieses magische, die Polarnächte oft tagelang erleuchtende Phänomen hängt mit einer allgemeinen Eigenschaft des Erdkörpers, dem Magnetismus, zusammen, dessen genaueres Wesen, soweit es bekannt ist, in der Physik seine Erläuterung findet; hier werden wir uns auf das Nothwendigste in Bezug auf die Erde beschränken. Man findet auf der Erde Steine, Eisenverbindungen, welche die Eigenschaft haben, kleine Eisentheile anzuziehen; es sind dies die natürlichen Magnete. Diese magnetische Eigenschaft kann man durch bestimmte Operationen auf gehärtete Eisen- und Stahlstäbe übertragen und erhält so künstliche Magnete. Hängt man einen Magneten so auf, daß er sich drehen kann, so weist immer ein Ende seiner Längenaxe nach Norden, das andere nach Süden und werden daher diese beiden Enden Nord- und Südpol genannt. In Form von Stahlstäben oder Stahlnadeln wendet man die Magnete auf der See und dem Festlande an, um sich orientiren zu können. Schwingt solch eine Magnetnadel um eine vertikale Axe, so zeigt sie nach einer bestimmten Gegend, welche fast allerwärts von Norden mehr oder minder abweicht. Die Größe dieser Abweichung, ausgedrückt in Winkelgraden, nennt man die Declination und unterscheidet westliche und östliche. In Berlin ist die jährlich sich allmählich ändernde Declination etwa 15 ° westlich, in Paris etwa 20 °. Alle Punkte der Erde, welche gleiche magnetische Declination zeigen, liegen auf einer Isogone oder einem magnetischen Meridiane; ein solcher bildet jedoch keinen Kreis. Die Erde zeigt zwei Nullmeridiane, deren einer die östliche Halbinsel Kola, das weiße Meer und den Busen von Archangel durchschneidet, dann nach Südsüdost durch Rußland bis zur Wolgamündung, über den Caspisee und durch das Plateau von Iran geht; unter ihm liegen die Malediven; südlich des Aequators wendet er sich gen Osten an Java vorüber und durchschneidet dann in südlichem Verlaufe den australischen Continent (mehr gen Westen hin).

Hängt man die Magnetnadel so auf, daß sie um eine horizontale Axe schwingen kann, so nimmt sie selbst nur auf dem magnetischen Aequator, der jedoch nicht mit dem Erdäquator zusammenfällt, eine horizontale Lage an, an allen übrigen Punkten der Erde neigt sie sich mehr oder weniger gegen den Horizont; diese Neigung wird Inclination genannt und ebenfalls in Winkelgraden ausgedrückt. Auf der Hemisphäre nördlich des magnetischen Aequators neigt sich der Nordpol der Nadel zur Erde hin, auf der südlichen Hemisphäre ist es umgekehrt. Alle Punkte der Erde mit gleicher Inclination liegen auf einer Isokline. An den beiden magnetischen Polen, nach welchen jede Declinationsnadel hinweist, stellt sich die Inclinationsnadel vertical. 1832 fand Kapitän Roß auf seinen Polar-Entdeckungsreisen den magnetischen Nordpol auf der Halbinsel Boothia Felix (70 ° 5 m nördl. Br. und 79 ° westl. von Ferro).

Das Nordlicht (resp. Südlicht in den antarktischen

Regionen) umsäumt stets den magnetischen Meridian und übt auf die Magnetnadel sowol als auch auf die Leitungen der elektrischen Telegraphen großen — störenden Einfluß aus, so daß wir wissen, daß es mit dem Magnetismus der Erde in Zusammenhang steht, vielleicht in Störungen desselben seinen Ursprung hat; eine volle Erklärung des Nordlichtes ist aber bis jetzt noch nicht bekannt.

§. 21.
Klima.

Alle Erscheinungen der Atmosphäre, die wir bis jetzt betrachtet haben, bilden mehr oder minder wichtige Theile des Klima; den wesentlichsten Antheil an demselben hat aber die Wärme und zwar sowol die mittlere Temperatur, als auch die Temperaturdifferenzen.

Wir empfangen, wie bereits mehrmal bemerkt, unsere Wärme von der Sonne, und hängt die Wirkung ihrer Strahlen von dem Winkel ab, unter welchem sie auffallen, von der Dauer der Zeit, während welcher sie wirken und von dem Umstande, ob die Atmosphäre die Strahlen voll hindurchläßt oder sie zum Theil gleichsam aufsaugt, d. h. ihre Wirkung verringert. Zu diesen allgemeinen Einflüssen gesellen sich nun für jeden Ort noch locale, welche in der Lage desselben gegenüber dem Meere und dem Festlande (Meeresnähe oder -Ferne, absolute und relative Höhe, Lage der Thäler u. s. f.) begründet sind. So steigt am Meere die Temperatur nie so hoch, wie im Binnenlande, fällt aber auch nie so tief; bei scharfem Nordostwind haben wir oft kältere Tage als bei Südwest, wenn auch die Sonne höher steht; in geschützten Thälern ist die Wärme bedeutender, selbst bei absolut höherer Lage als in der den Winden stets ausgesetzten Ebene; auch die Beschaffenheit des Bodens und die Vegetation tragen zur Höhe der Temperatur eines Ortes bei.

Man bezeichnet nun mit mittlerer Tages-Wärme das arithmetische Mittel der zu allen Stunden (oder 6 Uhr Morgens, 2 Uhr Mittags und 10 Uhr Abends) gemachten Temperaturbeobachtungen; aus dieser für jeden Tag bestimmten Mittelwärme kann man dann in entsprechend ähnlicher Weise die Monats-, Jahreszeit- und Jahrestemperatur ableiten. Während die Atmosphärenwärme großen Schwankungen unterworfen ist, ist die mittlere Jahrestemperatur fast constant. In Jakutsk hat man in einem Jahre im Sommer + 35°,6 im Winter — 59° beobachtet, an der Riviera, welche durch die Kette der ligurischen Alpen vor dem kalten Polarwinde geschützt ist, während das Meer seinen Einfluß voll ausübt, ist der Unterschied zwischen den Extremen im Jahre höchstens 30°. In Westdeutschland steigt diese Differenz höchstens auf 50° und nimmt um so mehr zu, je weiter man nach Osten schreitet, wo der Einfluß des dahinterliegenden Continentes sich fühlbar macht.

Um einen richtigen Blick über die Vertheilung der Wärme auf der Erde zu erhalten, genügt es daher nicht, die Jahresisothermen (auf welchen alle Orte gleiche mittlere Temperatur haben) zu construiren, sondern man bedarf auch der Isothermen für die einzelnen Monate oder Jahreszeiten; diese beiden letztern verschieben sich auf und an dem Meere nur wenig gegen die ersteren, dagegen weichen sie weit von ihnen ab im Binnenlande.

Ein recht eclatantes Beispiel über den Einfluß des Meeres und seiner Strömungen auf die Temperatur der umgebenden Festländer bietet der Nordatlantische Ocean dar; unter der Einwirkung des Golfstromes steigen hier die Isothermen in weitem Bogen nach Norden, die Küstenländer Europas haben bedeutend höhere Mittelwärme als Nordostamerika unter gleicher Breite.

Die Gegenden der höchsten mittleren Jahreswärme (am rothen Meere, im Sudan, an der Nigermündung, an den centralamerikanischen Küsten) bilden den Wärmeäquator, der nirgends bis zum Erdäquator nach Süden reicht. In einzelnen Gegenden steigt hier die Jahres-Temperatur auf über + 30°. Die Gegenden der geringsten Wärme bilden dagegen die Kältepole, deren einen (mit etwa — 19°) man nördlich von Sibirien vermuthet.

Die Wärme der Atmosphäre gleicht sich mit der des Bodens aus, doch sind bei letzterem die Schwankungen nicht so groß und erfolgen nicht so rasch, wie in der

Luft; dabei dringt die Wärme immer langsamer nach unten, so daß in einer Tiefe von 6 — 8 Metern die größte Wärme im Winter (Januar), die geringste im Sommer (Juli) ist, wobei jedoch der Unterschied zwischen Maximum und Minimum nur noch gering ist (daraus erklärt sich die Sommerkühle und Winterwärme der Keller). Schreitet man noch tiefer, so hört die Wirkung der äußern Temperatur gänzlich auf, bei einzelnen Gesteinsarten früher, bei andern etwas später. So hat in Neugranada, wo die Schwankungen sehr unbedeutend sind, der Boden an manchen Stellen schon bei 1 m Tiefe die mittlere Jahrestemperatur des Ortes, in Jakutzk findet man sie erst bei 15 m Tiefe. In allen arktischen Ländern, in denen die Jahreswärme unter 0° beträgt, muß daher der Boden von gewisser Tiefe an im Sommer im wie Winter in Eis erstarrt sein. Die Quellen geben daher, sofern sie nicht in ihrem unterirdischen Laufe durch poröse Gesteine abgekühlt oder in tieferen wärmeren Schichten erwärmt worden sind, die mittlere Temperatur der Gegend an.

Je höher man in die Atmosphäre hinaufsteigt, um so geringer muß die Temperatur werden aus dem doppelten Grunde, weil der Verlust an Wärme durch Strahlung größer, der Gewinn bei der Reflexion der Strahlen kleiner wird, und zwar ist die Temperaturabnahme der Luft über den Festländern bedeutender als über dem Meere. Anders verhält es sich dagegen mit den Plateaus und Gebirgen. Auch hier nimmt mit der Höhe die Wärme ab und zwar an einzelnen Bergen rascher als auf Hochflächen. Die vollständigen Gesetze hierüber sind mangels hinreichender Beobachtungen noch nicht bekannt.

Eine schwerwiegende Frage ist die, ob das Klima der einzelnen Länder unveränderlich oder veränderlich ist, beziehungsweise, welche Umstände solche Aenderungen herbeiführen. Aus der Geologie erfahren wir, daß Europa zu einer längst verflossenen Zeit noch bedeutend kälter gewesen sein muß, als heutzutage. Island und Grönland (d. h. Grünland) haben ihr Klima seit zweihundert Jahren wesentlich verschlechtert; im Mittelalter wurde auf den Besitzungen des Deutschordens Wein in Menge gezogen; an den Steppenpflanzen, welche im Winter zwar große Kälte vertragen, dagegen im Sommer anhaltende Hitze verlangen (ein continentales Klima), beobachtet man ein allmähliches Vorwärtsschreiten von Osten nach Westen; alles dies sind Anzeichen, daß das Klima ebenfalls steter Aenderung unterworfen ist. Die hauptsächlichsten Ursachen solcher Wandlungen sind zu suchen: 1) in der steten Formänderung der Festländer, wie sie später besprochen wird; 2) in der Veränderlichkeit der Meeresströmungen (namentlich der Aequatorial- und Polarströmungen); 3) in der Aenderung der Lage der Erdaxe; 4) in den großen von den Menschen verursachten Veränderungen der Vegetation ganzer Länder (z. B. Mesopotamien, Eifel).

Das Festland.

§ 22.

Vergleichung der Erdtheile nach ihrer Lage und horizontalen Gliederung.

Es ist bereits an mehreren Stellen auf die eigenthümliche Vertheilung des Festlandes und des Meeres auf der Erdoberfläche hingewiesen worden, und im vorigen Abschnitte wurde gezeigt, wie auch in Folge dessen der Wärmeäquator wesentlich nach Norden gerückt ist, wie die Nordhemisphäre wärmer, als die südliche, und wie die Niederschläge auf ersterer reichlicher sind; daß daher auch die Entwicklung der ganzen organischen Natur nördlich des Aequators eine lebhaftere ist und daß die Cultur der Völker der nördlichen Hemisphäre sich viel höher gestaltet hat, wird in einem späteren Abschnitte erläutert werden.

Auf der östlichen Halbkugel liegt der größere Complex des Festlandes. Asien mit seinen fast 45,000,000 □Kilometern hat seine Hauptausdehnung von Westen nach Osten; das sich mit seiner ganzen Breite an jenes anlehnende Europa (nicht ganz 10,000,000 □Kilometer) hat seine größere Ausdehnung in derselben Richtung; Afrika, fast genau $^2/_8$ so groß als Asien, mit dem es nur durch eine schmale Landenge in Zusammenhang steht, zeigt in seinem nördlichen Theile ebenfalls das Vorwiegen der Querausdehnung; dasselbe ist mit dem Continent Australien der Fall. Südafrika dagegen und Amerika stellen sich demgegenüber in Contrast, hier waltet die Längenrichtung von Süden nach Norden vor. Nordamerika, Europa und Asien liegen gänzlich auf der nördlichen Hemisphäre und ragen alle drei in die Polarzone, dagegen nur der erste und letzte Erdtheil in die heiße, Europa nicht einmal in die subtropische Zone. Letzteres gleicht darin Nordamerika, daß beide im Süden von einem Binnenmeere bespült werden, welches aber in die Küsten Europas mit sehr zahlreichen Golfen und Buchten eingreift und so dessen Südfront in drei größere und zahlreiche kleinere Glieder zerlegt. Asien, eine durchaus compakte Masse, zu welcher Europa fast nur eine ausgedehnte Halbinsel bildet, wird im Süden vom offenen Oceane umspült, in welchen es ebenfalls mit drei größern Gliedern hineinragt. Von einflußreicher Bedeutung ist es, daß die Westküste Nordamerikas ebenso wie die Europas den warmen Aequatorialströmen offen liegt, während Asien gegen Westen durch die vorgelagerten Erdtheile von dem belebenden Oceane abgeschnitten ist; für letzteres ist es freilich ein Vortheil, daß nur die schmale Behringsstraße die Verbindung zwischen dem Eismeere und dem großen Oceane herstellt und daß sich daher kein breiter und starker Polarstrom bilden und auf Asiens Ostküsten einwirken kann, wie das bei Nordamerika der Fall ist. Jener Umstand bewirkt auch, daß der Kuro-Siwo nicht bis zu den höheren Breiten dringt und Aljaska (unter gleicher Breite mit Schottland und Süd-Norwegen) bewohnbar macht.

Südamerika und Afrika gehören zum Theil der nördlichen, zum Theil der südlichen Hemisphäre an; letzteres ragt aus den Tropen nach Norden und Süden hervor und zwar gegen Norden bedeutender, ersteres nur nach Süden und viel weiter, als jenes. Beide haben gemeinschaftlich, daß sie nur durch eine schmale Landenge mit andern Landmassen in Verbindung stehen, das eine im Nordosten, das andre in Nordwesten. Afrika aber ist dabei auch auf zwei Seiten von Binnenmeeren (dem Mittel- und dem Rothen Meere) umspült. Australien ist der einzige Continent, der ganz auf der südlichen Halbkugel liegt, und zwar mit 1/3 seiner Fläche in der heißen Zone.

Merkwürdige Contraste bieten die Erdtheile dar in Beziehung auf ihre Gestalt, auf die Entwicklung der Küsten und auf die Inseln. Australien, der kleinste Erdtheil, hat die größte Zahl von Inseln, darunter die zweitgrößte der Erde (Neu-Guinea), und liegen dieselben fast sämmtlich unter den Tropen; sein Continent hat eine von zwei ähnlich gelegenen Kreisbogen begrenzte Grundgestalt mit sehr unwesentlicher Gliederung, sodaß trotz der Kleinheit desselben (bei 14,000 Kilometer Küstenlänge) auf je 550 □ Kilometer Land erst etwa 1 Kilometer Küstenlänge kommt, und daß vom Mittelpunkte desselben die nächste Küste noch um 1000 Kilometer entfernt ist.

Afrika zählt verhältnißmäßig sehr wenige Inseln, ebenso ist es in seiner Küstenentwicklung allen übrigen Erdtheilen gegenüber sehr zurück; erst auf mehr denn 1400 □ Kilometer Fläche kommt 1 Kilometer Küstenentwicklung, und das Meer ist überall um mehr denn 1800 Kilometer vom Mittelpunkte des Continentes entfernt. Die Gestalt desselben setzt sich aus einem Paralleltrapeze und einem nach Süden gewendeten (fast rechtwinkligen) Dreiecke zusammen.

Das wesentlich kleinere Südamerika hat — außer den bereits besprochenen — noch manche Aehnlichkeiten mit Afrika. Die Richtung der Westküsten ist auf der südlichen Hälfte fast genau eine süd-nördliche, der nördliche Theil bildet einen nach Westen gerichteten Bogen; die Nordküste senkt sich im Osten weiter gegen Süden, an der Ostküste ragen beide Continente durch Spitzen scharf hervor und wenden sich dann nach Südsüdwest und beide Welttheile enden gegen Süden in Spitzen. Südamerika ist aber keine so compakte Masse, wie Afrika; sein Südende ragt weit in das Gebiet der Nordwest- und Südostwinde hinein und bietet mit seinen Steilklippen, Fjorden, Inseln und größeren Busen ein Bild, welches lebhaft an England oder Skandinavien erinnert; bei fast 26,000 Kilometer Küste kommt 1 Kilometer auf fast 700 □Kilometer Fläche, und dem Mittelpunkte des Continentes nähert sich die Küste bis auf 1500 Kilometer. Die Zahl der Inseln in der warmen Zone ist auch hier eine äußerst beschränkte.

Nordamerika, welches fast nur mit dem es mit Südamerika verbindenden Isthmus in die Tropen hineinragt, ist vollständig eigenartig gebaut; im Süden schmal, reich gegliedert (namentlich an der mittleren der drei Landzungen, dem Isthmus), dehnt es sich gegen Norden immer mehr nach beiden Seiten aus und zeigt an der West- und Ostküste zahlreiche kleinere und größere Buchten und Inseln. Der Nordküste ist eine vielgestaltige Inselwelt vorgelagert, welche ganz dem erstarrenden Einflusse der Polarströmung ausgesetzt sein muß, da die Küstenbildungen des Continentes das Eindringen des Golfstromes oder des Kuro-Siwo verhindern. Die ganze reichgegliederte Nordküste wird nur von den eisigen Wellen des Polarmeeres umspült. Trotz der bedeutenden Küstenentwicklung von 48,000 Kilometer, von denen je 1 bereits auf 407 □Kilometer Fläche kommt, nähert sich bei seiner Größe die Küste nirgends auf 1700 Kilometer dem Mittelpunkte.

Asiens gewaltiger Massenbau zeigt auch kräftige Gliederung; große und wichtige Inseln liegen, wie bei Nordamerika, im Südosten, darunter Borneo, die größte der Erde; aber auch die andern Seiten (Süden, Westen, Osten und Norden) sind von Inselgruppen umgürtet. In das Eismeer ragt es tiefer hinein, als irgend ein Festland, seine Inselwelt ist aber nicht durch ihre Zahl bedeutend. Die gesammten Küsten, welche nirgends auf eine erheblichere Strecke von einem intensiveren Meeresstrome — weder kaltem noch warmem — bespült und zernagt werden, haben eine Länge von 58,000 Kilometer, bleiben dem Mittelpunkte überall um mehr als 2400 Kilometer entfernt, und etwa 760 □Kilometer seiner Fläche kommen auf 1 Kilometer Küste.

Wie in fast allen Beziehungen, so ist Europa auch in den hier betrachteten Verhältnissen den übrigen Erdtheilen weit überlegen. Im Süden breit, zieht es sich je weiter nach Norden um so mehr auch gegen Osten zurück (im Gegensatz zu Nordamerika) und läßt daher den Golfstrom in seiner vollen Kraft auf sich einwirken; in die Binnenmeere, von denen das weiße Meer und die Nordsee gegen Norden geöffnet sind, dringt aber kein kalter Polarstrom und Nowaja Semlja hemmt das Vordringen der Eismassen von Nordosten her. Inseln und Halbinseln umgeben das Festland auf allen Seiten und weisen dabei einen Formenreichthum auf, wie er bei keinem einzigen andern Erdtheile vorkommt; man vergleiche hierin z. B. Altcalifornien, den mittelamerikanischen Isthmus und Florida, dann Arabien, Vorder- und Hinterindien mit der Pyrenäen-, Apenninen- und Balkanhalbinsel, oder Skandinavien mit Nordwestamerika und Nordostasien. Die Küstenlänge beträgt etwa 32,000 Kilometer, und auf 1 Kilometer derselben kommen nur 290 □ Kilometer Fläche; diese letztere Zahl würde sich, wenn man die größern Inseln (Großbritannien, Ireland, Island, Sicilien u. s. f.) mit in Rechnung zöge, auf fast 200 erniedern, während bei den übrigen Erdtheilen die großen Inseln bei der Bestimmung der Zahlen kaum einen Einfluß ausüben. Wie tief allseits das Meer in das Land einschneidet, zeigt, daß auch der kleinste Abstand der Küste vom Mittelpunkte des Continentes auf fast 750 Kilometer herabsinkt. Keine Zahl aber ist so geeignet die Küstenentwicklung zu zeigen, als das Verhältniß der Größe der Glieder (Inseln und Halbinseln), zu dem des Rumpfes; es ist dies bei Europa 1 : 2, während dasselbe bei Asien auf 1 : 3, bei Amerika auf 1 : 8, bei Australien auf 1 : 36 und bei Afrika sogar auf 1 : 47 herabsinkt.

§ 23.

Die Ebenen.

Die vertikale Gliederung der fünf Erdtheile bietet interessante und wegen ihres Einflusses auf die Entwicklung der Cultur der einzelnen Länder höchst wichtige Verschiedenheiten dar. Zunächst mögen die Tiefländer, d. h. jene Ebenen betrachtet werden, welche nicht bedeutend über das Niveau des Meeres emporragen. Meist ohne Unterbrechung durch Hügelketten oder Thäler bieten sie dem Auge das Bild der Eintönigkeit dar; selbst die Vegetation schließt sich häufig diesem Charakter des Unbelebten an, indem eine Pflanzenart weite Strecken überzieht und die andern Gewächse, welche Wechsel und Leben in die Einförmigkeit zu bringen im Stande wären, am Gedeihen hindert. So sind es namentlich die Moose, Riedgräser und Binsen, welche die versumpften Tiefebenen überziehen, während die Heide den trockenen Flächen ihren Charakter aufdrückt und die Disteln weite Strecken in den Pampas überziehen. Solche Ebenen gleichen der gar nicht oder nur wenig gekräuselten Oberfläche des Meeres.

Die meisten solcher Ebenen sind, wie später noch besprochen werden wird, durch allmähliche Hebung des Meeresbodens entstanden, andere durch Austrocknung eines von der See abgetrennten Golfes oder durch Anschwemmungen neuen Landes. Dem verschiedenen Ursprunge und den Bestandtheilen des Bodens entspricht auch der Charakter der Ebene und Vegetation. Während die dem Meere entstiegene Fläche ganz eben oder nur sanft geneigt ist, zeigt die durch Austrocknung oder Anschwemmung entstandene kleinere wellenförmige Unterbrechungen. Kalkboden zeigt scharfkantige Risse und glatt eingeschnittene Thäler, die Flächen sind öde und kahl, die Thäler meist saftig grün und waldreich; Thonboden ist feucht und bildet den Untergrund von Mooren; Sand ist leicht, beweglich, trocken und dürr, ernährt nur kümmerlich eine schwache Pflanzendecke. Ausgetrocknete Meeresarme zeigen salzhaltigen Boden, erst Jahrhunderte langer Einwirkung des fließenden Wassers gelingt es, das Land vom Salze zu entlaugen. Daß der hier beschriebene Charakter durch die klimatischen Einflüsse und durch die Cultur wesentliche Aenderungen erfährt, bedarf keiner Ausführung.

Bemerkenswerth ist es, daß in der alten Welt die Ebenen sich alle mehr oder weniger von Osten nach Westen erstrecken, während in Amerika deren Axe sich von Süden nach Norden wendet. Durch Europa und

Asien dehnt sich vom Busen von Biscaya bis zur Mündung der Lena ein großes zusammenhängendes Tiefland aus; schmal beginnend und in Europa gegen Osten immer breiter werdend reicht es vom Eismeere bis zum Schwarzen und Kaspischen Meere, umschließt in Asien den Aralsee und nimmt dann an Breite wieder immer mehr und mehr ab. Das Uralgebirge theilt in der Nordhälfte diese Ebene in zwei wesentlich verschiedene Abschnitte; der westliche, europäische, hat den Vorzug, daß mehrere Hügelzüge die Eintönigkeit unterbrechen und der uralisch-baltische Höhenzug trotz seiner nicht bedeutenden Höhe doch eine Wasserscheide bildet; die größeren Ströme wenden sich daher im osteuropäischen Tieflande gegen Süden, in Asien gegen Norden; daher ist in Europa das Gebiet der bald sumpfigen, bald vereisten, stets aber unculturfähigen Tundren nur gering, während dasselbe in Asien ungeheure Strecken einnimmt. Die durch beide Erdtheile sich erstreckende südliche Ebene, zu welcher das kaspische Depressionsgebiet gehört, welches bis zu 26 ^{m} unter dem Spiegel des schwarzen Meeres liegt, trägt fast überall den Charakter der Steppe; wie verschiedene — auch deutsche — Colonisationsversuche zeigen, läßt sie sich für den Ackerbau gewinnen. Die verschiedensten Abstufungen zwischen der höchsten Fruchtbarkeit (wie in den Marschen, am Niederrhein u. s. f.) bis zu der fast wüstenartigen Einförmigkeit öder Heideländer (wie les landes in der Gascogne, Lüneburger Heide) und zu den Sümpfen der Moore (an der Ems und in Holland), zwischen der von mannigfaltig geformten Hügeln durchzogenen Fläche (wie pommersche Schweiz) und der fast geometrisch genauen Ebene zeigt das zusammenhängende europäische Tiefland in einer Mannigfaltigkeit, wie sie in andern Erdtheilen nicht wieder auftritt.

Die von Gebirgen umschlossenen Tiefländer Europas sind sehr zahlreich und durchgängig fruchtbar, wenn auch noch nicht überall (wie an der Theiß) der Cultur gewonnen. Dabei bilden sie an den verschiedensten Stellen Unterbrechungen in den Hochländern, so daß diese in Europa nicht jene compakte, das Klima wesentlich beeinflussende Masse bilden, wie in Asien. In letzterem zeigen auch die abgetrennten Tiefländer zum Theil den Charakter der Wüste oder Steppe, während andere durch ihre ungemeine Fruchtbarkeit und ihren Reichthum bekannt sind (Ganges-, chinesisches Tiefland).

Zu dem Flachlande Afrikas zählen vorzüglich nördliche Striche aus der Sahara, welche zum Theil sogar unter dem Niveau des Meeres liegen, sodann aber das unendlich reiche Land, das sich zwischen der Wüste und den südlicheren Bergländern, von Senegambien bis zu dem Gebiete des Nil hin zieht. Außerdem gehören auch die Küstenländer und die Unterläufe der großen Ströme dem Tieflande an.

In Nord- wie in Südamerika liegt die zusammenhängende Masse der Tiefländer zwischen den zusammenhängenden hohen Gebirgen des Westrandes und den mehrfach unterbrochenen Bergländern des Ostens. Sie nehmen in Südamerika $^2/_3$ der Gesammtbodenfläche ein und zeigen vielfach den Charakter der Steppe (namentlich im Süden, auch am Orinoko); sie bergen in ihren ausgedehnten Waldungen ungeheure Schätze, die Fruchtbarkeit des Bodens ist ungemein groß, doch ist noch der geringste Theil erst für die Cultur gewonnen (Pampas, Selvas, Llanos). Die nordamerikanischen Prairien sind ebenfalls zum großen Theil von fetter Humusschicht bedeckt und in großen Strecken für die Culturgewonnen; kleinere Theile tragen aber auch den Steppen- und im Norden den Wüstencharakter.

§ 24.

Die Hochländer und Gebirge.

Den Gegensatz zu den Tiefländern bilden die über das Niveau des Meeres stärker emporragenden Landestheile, welche für die einzelnen Continente gleichsam das Knochengerüste bilden. Daß bei der Beurtheilung, ob ein einzelner Landstrich zu den Tiefebenen oder Hochflächen zu rechnen ist, je nach den Umständen ein verschiedener Maßstab angelegt wird, ist wohl selbstverständlich. So wird man eine Gegend, welche sich gegen das Meer oder das Festland ganz allmählich und ohne tief eingeschnittene Thäler absenkt, so daß die Erhöhung für das Auge wenig bemerkbar wird, zu der Tiefebene rechnen, wenn auch die absolute Erhebung derselben nicht unbedeutend ist. Umgekehrt werden nicht bedeutende Erhöhungen als Hochfläche oder als Berg- resp. Hügelzug betrachtet, sobald sie gegen ihre Umgebung verhältnißmäßig schroff abfallen. Beispiele hiefür bieten die ostpreußische Seenplatte und der Teutoburger Wald, deren absolute Höhen wenig verschieden sind. Anderseits legt man auch bei den verschiedenen Erdtheilen einen verschiedenen Maaßstab an. So rechnet man die Prairien des oberen Mississippi und Missouri, die Selvas des mittleren Amazonenstromes, die vom obern und mittleren Ganges durchströmten Länder zu den Tiefebenen, während man die an absoluter Höhe ihnen nicht gleichkommenden Gebiete zwischen den bairischen Alpen und Donau zu den Hochflächen zählt.

Wesentlich verschieden sowol ihrer Form als auch ihrem Einflusse auf die Continente nach sind die Plateaux und die Kettengebirge Jene tragen mehr oder weniger den Charakter von Ebenen, deren absolute Erhebung über das Meeresniveau so bedeutend ist, daß ihr Klima, ihre Vegetation und auch Fauna bereits hierdurch beeinflußt wird. Wir finden auf ihnen Steppen und Wüsten, fruchtbarste Ländereien, weite Sumpfflächen, welche zum Theil ausgefüllte alte Seebecken sind (Moose der bairischen Hochfläche). Die Gebirgszüge üben ihren Haupteinfluß als Condensatoren der atmosphärischen Feuchtigkeit, als Erzeuger und Ablenker von Winden aus; ihre Wirkung erstreckt sich, wie in dem Abschnitte über das Klima bereits besprochen wurde, häufig auf weite Gebiete. Sie ragen mit ihren Bergspitzen weit über die Hochflächen hinaus; es liegen dabei die höchsten Gebirge aller Erdtheile in den heißen Ländern oder denselben nahe, während gegen die Pole hin die Höhe derselben ebenso wie diejenige der Plateaux abnimmt; letztere steigen annähernd in den heißen Zonen so hoch, als die Kettengebirge in den gemäßigten, und in diesen letztern erreichen die Hochflächen die Höhe der Gebirge in den kalten Zonen.

In Europa nehmen die Gebirge und Hochflächen nicht ganz 1/3 der Gesammtfläche des Continentes ein; sie wechseln dabei ab, sodaß die erstern mehrfach durch letztere und Tiefebenen unterbrochen sind. An ein Hauptsystem von Kettengebirge, dessen Hauptaxe von Westen nach Osten sich ausdehnt, lehnen sich die meisten Gebirgssysteme (direct oder indirect) an und scheiden dadurch den westlichen Theil des continentalen Rumpfes in zwei klimatisch sehr verschiedene Zonen. Ganz abgetrennt liegen, abgesehen von den Inseln, die spanischen und die skandinavischen Gebirgsglieder, bei denen die Plateaux verhältnißmäßig stärker entwickelt sind, als im übrigen Europa. Die Hochflächen schwanken zwischen 300 m Meereshöhe (Auvergne) und 1300 m (Hardangerfjeld); die Gebirgsketten erreichen nur in einer Spitze eine Höhe über 4800 m.

In Asien nimmt das Hochland fast 2/3 der Gesammtfläche ein und überwiegt die Plateauxbildung; die bedeutendsten (höchsten) Kettengebirge der Erde streichen ebenfalls meist von Westen nach Osten und sind entweder Randgebirge oder scheiden die einzelnen Theile der Hochflächen von einander; nur wenige sind Kettengebirge ohne directen Zusammenhang mit den Plateaux. Dabei wird in keinem Erdtheile eine so scharfe Scheide zwischen Nord und Süd durch die Hochländer gebildet wie in Asien. Inmitten der ausgedehnten Plateaux bilden sich mehrere bedeutende Stromsysteme, die mit denjenigen der Niederungen in keiner Verbindung stehen. Tibet hat eine Meereshöhe von über 3000 m, der Kamm des Himalaya erreicht die Höhe des Mt. Blanc, während mehrere seiner Gipfel 8000 m übersteigen.

In der nördlichen Hälfte von Afrika ziehen mehrere bedeutende Kettengebirge von Westen nach Osten, daneben treten (namentlich in der Sahara) ausgedehnte Plateaux auf. Die südliche Hälfte des Erdtheiles ist ein großes Tafelland, das gegen Norden sich allmählich abdacht; die Randgebirge desselben sind zum Theil sehr bedeutend, dehnen sich dabei von Süden nach Norden aus; am höchsten scheint das Plateau westlich der Drakenberge im Quellgebiete des Orangestromes zu sein, wo es eine Höhe von etwa 2000 m erreicht.

In Nord- und Südamerika überwiegt das Kettengebirge, welches sich mehrfach verzweigt und namentlich in ersterem ausgedehnte Hochflächen einschließt. Die Richtung der Ketten ist — im Gegensatz zu den meisten in der alten Welt — eine süd-nördliche. Die Plateaux des Titicacasees (fast 4000 m) und von Quito (über 3000 m) sind die höchsten bewohnten Hochebenen der Erde. Dasjenige von Anahuac erreicht nur noch 2300 m, und die noch weiter nach Norden sich hinziehenden Hochflächen nehmen immer mehr und mehr an Höhe ab.

Eine merkwürdige Verschiedenheit bieten noch die Hochländer und namentlich die Gebirge in Bezug auf ihre äußere Gestalt dar je nach den Gesteinarten, aus welchen sie gebildet sind. Während die Granite und die ihnen verwandten Gesteine sich durch ihre massigen Bildungen mit glatten Felswänden auszeichnen, in denen muldenförmige Thäler bis zu den Kämmen hinaufreichen (Mt. Blanc, Brocken), zeigen die Kalkgebirge (Ostalpen, Rauhe Alp) öde Trümmerfelder auf der Höhe, die sich sanft abdachen und plötzlich in senkrechten Wänden von verwittertem Gesteine abstürzen; nirgends zeigen sich Massenbildungen; scharfe Thäler und tiefe Schluchten zerklüften und zertheilen das Hochland. Wie anders zeigt sich das Sandsteingebirge (sächsische Schweiz) mit seinen wunderbaren Formen, schwach geneigten Thalwandungen, dagegen auf den Kämmen Trümmer der verwitterten Gesteine mit glatt abfallenden Wänden. Schiefer bildet wieder mehr Massengebirge und hat scharfkantige Gräten, die Berge aus Trachyt, Basalt und ähnlicher vulkanischer Gesteine (Siebengebirge, Rhön) besitzen häufig prächtige Laubwaldungen, sind domförmig abgerundet, zeigen noch Krater, die jetzt bisweilen von Seen ausgefüllt sind (die Maare in der Eifel).

§ 25.

Der Schnee.

Wie die Gebirgsländer das Knochengerüst der Continente, die Ebenen gleichsam das Fleisch bilden, welches sich an jene anlehnt, so ist das Wasser das Blut, durch dessen Circulation erst die Länder bewohnbar werden, welches die einzelnen Glieder in Verbindung bringt und welches in seiner ewigen Bewegung auch die steten Veränderungen der Festlandsgebilde bedingt. Im ersten Abschnitte sind bereits die Meere, im zweiten die Verdunstung und die atmosphärischen Niederschläge betrachtet worden; hier soll nun der Schluß vom Kreislaufe des Wassers, von dem Niederstürzen dieser Hydrometeore bis zu deren Rückkehr in die allgemeinen Becken als Ströme, namentlich in der Wirkung des Wassers auf die Form des Landes näher erörtert werden.

Sobald die Temperatur einer Luftschicht unter 0° sinkt, so erfolgt die Außscheidung der Feuchtigkeit aus derselben nicht mehr als Regen, sondern als Schnee. Wird dabei eine feuchte Luft auch wenig unter 0° abgekühlt, so bilden sich große, lockere Schneeflocken, welche einzeln deutlich die Grundformen zu Krystallen zeigen; in dichten Wirbeln werden sie vom Winde umhergetrieben, füllen die Klüfte und Thäler rasch aus und überziehen mit einem leicht vom Winde beweglichen, wenig dichten, aber hohen Teppiche die Gegenden; (man rechnet, daß eine Decke von 40 m Schnee etwa einer Regenmenge von 1 m Höhe entspricht). Bei heftigerer Kälte, also geringerem Feuchtigkeitsgehalte der Luft, besteht der Schnee mehr aus kleinen, scharfen Eisnadeln, welche mehr staubartig die Luft anfüllen. Ganz Europa außer der Insel Kreta liegt in der Zone, in welcher zeitweise Schnee fällt. Sobald höhere Temperatur eintritt, schmilzt der Schnee und verwandelt sich in Wasser, während selbst bei niederer Wärme aber trockner Luft stets ein Theil wieder als Dunst in die Atmosphäre zurückkehrt.

Ist die warme Luft und die Wärme der Sonne im Sommer nicht im Stande, die Menge des im Winter gefallenen Schnees vollständig aufzuzehren und zu schmelzen, so nennt man das Land ein Land des ewigen Schnees. Bis jetzt hat man noch kein Land gefunden, welches — auf dem Niveau des Meeres — nicht im Sommer oder Herbst schneefrei gewesen wäre. Die hochansteigenden Gebirge jedoch ragen aus den wärmeren Niederungen empor bis in streng kalte Zonen und vereinen so auf kleinem Raume die verschiedensten Klimata. Auf ihnen kommen daher ausgedehnte Gebiete ewigen Schnees vor. Die Grenze derselben ist von mancherlei Umständen abhängig; zunächst ist klar, daß sie in den heißen Ländern bedeutend höher an den Gebirgen emporsteigen muß, als in den gemäßigten, und in diesen wiederum höher als in den kalten. So liegt die Schneelinie an den äquatorialen Cordilleren etwa 4800 m hoch (ähnlich bei den afrikanischen Schneegebirgen), in den Alpen zwischen 2700 und 3000 m, sinkt in den nördlichen Kjölen auf etwa 1200 m, in Grönland, Spitzbergen u. s. f. noch viel weiter herab. Sodann bedingen feuchte Winter und kühlere, trockne Sommer ein tieferes Herabgehen der Schneelinie, während trockne Winter und heiße Sommer den Schnee viel höher hinauf im Gebirge verschwinden lassen; so sinkt im Himalaya auf der Südseite, welche den feuchten Monsuns ausgesetzt ist und daher von ungeheuren Mengen Schnee überschüttet wird, die Schneegrenze auf 4800 — 4900 m, während sie auf der den trocknen Winden mehr exponirten Nordseite fast auf 5300 m steigt. Hohe, gegen rauhe Polarströmungen geschützte Plateaux haben ein wärmeres Klima, als andre in gleicher Höhe gelegene Gegenden und verursachen daher ein bedeutendes Zurückgehen der Schneelinie; so steigt dieselbe an den die Plateaux von Bolivia umgürtenden Anden auf 5000 m, die Sierra de Mendoza bleibt bis zu 4000 m Höhe schneefrei trotz ihrer nördlichen Lage (33 ° nördlicher Breite).

Daß die Schneegrenze keine unveränderliche ist, versteht sich von selbst, da ja die Menge des gefallenen Schnees jährlich wechselt, die Sommerwärme bald bedeutender, bald weniger bedeutend ist. Die angegebenen Zahlen zeigen daher nur die mittleren Werthe an.

In den Gebieten des ewigen Schnees lecken die warmen Sonnenstrahlen auch jährlich einen Theil weg, der warme Aequatorialstrom schmilzt einen andern und trockne Luft saugt selbst Schnee auf; trotzdem würde, da die Menge des jährlich frisch gefallenen Schnees, welche mit zunehmender Höhe der Gebirge wegen der größeren relativen Trockenheit der Luft abnehmen muß, nie ganz aufgezehrt wird, sich allmählich der Schnee zu einer ungeheuer dicken Schicht aufsammeln müssen, wenn nicht auf andere Weise Massen von Schnee in die unteren wärmeren Zonen hinabgeführt würden; es geschieht dies vermittels der Lauinen, gewöhnlich Lawinen genannt. Von den Sonnenstrahlen oder warmen Winden wird die oberste Schicht geschmolzen, das Wasser dringt in die unteren Schichten ein, reißt einzelne Flöckchen weg und bildet auf diese Weise kleine Kanäle und Wege, welche die ganze Masse wesentlich lockern; durch eine ganz kleine Erschütterung, durch den leisen Tritt eines Thieres, selbst durch die Lufterschütterungen des Schalles (?), noch häufiger aber in Folge der Störung des Gleichgewichtes (bei zu großer Aufhäufung von Schnee oder Wegschmelzen der stützenden Unterlage) wird an Abhängen ein kleiner Theil des Schnees in Bewegung gesetzt; im Stürzen nimmt die Lauine an Größe ständig zu, indem alle auf ihrem Wege befindlichen Schneemengen mit hinabgerissen werden. Es ist klar, daß sie nur an Abhängen vorkommen können und nur im Thale, auf Flächen enden; je steiler eine muldenförmige Wandung, desto häufiger wird das Auftreten derselben sein. An bestimmten Stellen im Gebirge treten sie mit der größten Regelmäßigkeit auf; daher werden zum Schutze von Wegen, welche an gefährlichen Hängen vorüber führen, Dächer aufgeführt, welche die Lauinen über die Chausseen hinwegleiten (so an der Simpelnstraße, an der Straße des Stilfser Joches); Dörfer und Häuser schützen sich durch Wälder (dreieckig angelegt), welche die Gewalt der niederstürzenden Schneemassen hemmen oder dieselben in andere Bahnen lenken (so bei Andermatt im Reußthal). Je höher im Frühjahre die Sonne steigt, desto häufiger treten die Lauinen im Hochgebirge auf, im Hochsommer bringen sie von den höchsten Gehängen den Schnee herab. (So hört man täglich von der der Jungfrau gegenüberliegenden Wengern-Alp von jenem Berge bei Sonnenschein zahlreiche Lauinen herabdonnern, deren Schneemassen man wie eine Wolke in raschem Sturze sich bewegen sieht.)

Die Wirkung der Lauinen ist eine großartige; jeder Widerstand wird von denselben überwunden, Bäume werden geknickt, Häuser durch den Luftdruck zerstört und weit hinweggeschleudert, schwere Felsenmassen, die im Wege lagen, mit in das Thal hinabgeführt, sodaß häufig, wenn die Wärme des Sommers den in die Tiefen geschütteten Schnee bewältigt und weggeschmolzen hat, die grünen Matten mit Schutt und Geröll bedeckt und in ein ödes Trümmerfeld verwandelt sind. Auf diese Weise schafft also der Schnee große Mengen von Gesteinen von den Flanken der Berge hinab in das Thal, er sucht also die Höhen abzutragen und die Thäler auszufüllen. Diese Arbeit wird noch wesentlich gefördert durch den öfteren Wechsel der Temperatur; bei warmem Wetter, namentlich bei Sonnenschein an klaren Tagen schmilzt ein Theil des Schnees, das Schneewasser dringt in die Poren des festen Bodens, durch die feinsten und kleinsten Gänge; tritt dann Frost ein, bei sternenhellen Nächten, so friert dieses Wasser, beim Erstarren aber dehnt es sich mit einer furchtbaren Gewalt aus (ein Liter Wasser ist im Stande beim Gefrieren einen Widerstand von mehreren Hundert Zentnern zu überwinden); hierdurch werden die Steine auseinander getrieben, die Poren erweitert, die Felsen gelockert; indem sich dieser Proceß des Flüssigwerdens und des Erstarrens und Eindringens des Wassers in den Boden wiederholt, werden selbst größere Felsen losgelöst und stürzen, von Lauinen in Bewegung gesetzt, in das Thal.

§ 26.

Gletscher.

Die im vorigen Paragraphen beschriebenen Vorgänge im Hochgebirge vermögen nicht allen Schnee im Sommer hinwegzuschaffen und würden sich schließlich die hochgelegenen, nur sanft gegen die Thäler geneigten Mulden bis zu der Höhe der umgebenden Berge mit Schnee ausfüllen müssen, wenn nicht die Umwandlung des letztern in Gletschereis und das Hinabfließen der Gletscher in die wärmeren Niederungen solche Schneeansammlungen verhinderte. Von den trocknen, feinen Schneekrystallen, welche vom leisesten Winde hin und her bewegt werden, schmelzen unter dem Einflusse der Sonne die oben aufgelegenen Schichten und die Tröpfchen Wasser dringen in das Innere der Schneemassen; da diese letztern sehr schlechte Wärmeleiter sind, so herrscht im Innern derselben noch häufig eine sehr tiefe Temperatur, wenn auch die obere Decke bereits in Folge der Wärme sich auflöst; daher gefrieren die eindringenden Wassertropfen, welche Schneenadeln mit sich vereinen, wieder, es bildet sich auf diese Weise allmählich eine körnige Eismasse, Firn genannt; indem letztere immer wieder demselben Proceß des Schmelzens in den obern Schichten und des Gefrierens im Innern ausgesetzt ist, verwandelt sich die ganze Masse in durchsichtiges, blaues, krystallklares Eis; unterstützt wird dieser Umwandlungsproceß durch den Druck, den die höher liegenden Massen auf die tiefer liegenden ausüben.

Solche zusammenhängende Eismassen werden Gletscher genannt, an ihrem Ursprunge, gleichsam ihrer Quelle in den hochgelegenen Thälern bestehen sie aus feinkörnigem Schnee. Durch das ungeheure Gewicht werden sie ständig vorwärts geschoben und bewegen sie sich, wenn auch langsam, doch stetig die wenig geneigte Thalsohle entlang; sie bilden gleichsam nur schwach strömende Flüsse und zeigen in ihrer Bewegung auch alle die Eigenschaften von solchen; an den Rändern, bei geringerer Tiefe ist in Folge der größeren Reibung ihre Geschwindigkeit kleiner, als in der Mitte des Stromes, an jähen Abstürzen bilden sie Eiscascaden und auf stärker geneigten Flächen schieben sie sich rascher vorwärts als auf schwach geneigten. In Folge dieser Verschiedenheiten in der Größe der Bewegung, der Geneigtheit des Bodens u. s. f. müssen Risse, Spalten im Eis entstehen, welche häufig sehr tief, selbst bis auf den Boden hinabreichen. Je nach der Ursache, welche die Spalten herbeiführt, sind diese gegen die Strömungsrichtung des Gletschers verschieden gerichtet, und man unterscheidet daher Rand-, Quer-, Längen-, Stirnspalten. Indem sich das auf der Oberfläche bei der Sommerwärme entstehende Wasser in Rinnsalen sammelt und dann in einen Spalt stürzt, diesen allmählich ausspült und erweitert, bilden sich schachtartige Löcher, die bis auf den

Boden hinabreichen. Bei dem Vorwärtsschieben der gesammten Gletschermassen bilden sich immer neue Spalten, das herabströmende Wasser dringt in eine neue derselben, während das frühere Loch verlassen ist („Mühle"); zur Messung der Stärke des Gletschers hat man solche häufiger benutzt und die Tiefen der großen Gletscher in den Alpen auf 250—300 m bestimmt. Bei frischem Schneefall werden häufig Spalten und Risse überdeckt; hierdurch wird das Beschreiten der Gletscher äußerst gefährlich.

Mit den Lauinen stürzen in den oberen Hochthälern, den Geburtsstätten der Gletscher, Gerölle, Steine und größere Felsmassen herab, welche bei der Umbildung des Schnees in Firn und Eis auf der Oberfläche liegen bleiben, oder auch mit einfrieren; durch das immerwährende Abschmelzen der oberen Schichten werden die vom Eis eingeschlossenen Steine nach und nach ebenfalls frei und so häufen sich auf der Oberfläche des Gletschereises Schutthaufen an, welche dem Ursprung derselben gemäß am Rande sich zeigen müssen; es sind dies die Moränen; stoßen aus zwei Thälern zwei Gletscher zusammen und vereinen sich zu einem, so bleibt in der Mitte die gemeinsame Seitenmoräne und bildet eine Mittelmoräne.

Bei der großen Stärke der Gletscher müssen dieselben unter die Grenze des ewigen Schnees hinabgehen; sie ragen soweit in die unteren Regionen hinein, bis das Abschmelzen ihrer Massen an den Stirnen im Jahre das Gleichgewicht der Größe des Nachrückens hält; am Fuße der Gletscher werden sich dann alle vom Eise mit in das Thal geführten Gesteine ablagern, es umgürten daher bedeutende Moränen stets die Front der Gletscher. Da nun die Menge des im Jahre fallenden Schnees in den Hochthälern und somit die Dicke des Eises veränderlich ist, ebenso wie auch die mittlere Wärme in den Gegenden, in denen die Gletscher enden, so werden zeitweise die stärker anschwellenden Gletscher vorwärts gehen, tiefer in die Thäler hinabfließen, grüne Matten und selbst Fruchtfelder überströmen und mit Trümmern überschütten, während nach lang anhaltenden trockenen heißen Jahren die Gletscher rascher abschmelzen; alsdann reichen sie nicht mehr soweit in die Thäler hinab, sie „weichen zurück", ihre verlassenen Stirnmoränen zeigen aber, wie weit früher ihre Herrschaft reichte. Die meisten Gletscher der Alpen gehen in den letzten Jahren stark zurück; es zeigen die an tiefgelegenen Stellen in den Alpen aufgefundenen Moränen, daß einst diese Eisströme noch viel tiefer in die Thäler hinabreichten. Einen weiteren Beweis hierfür liefern auch die erratischen Blöcke, welche in der ganzen Schweiz, namentlich an den Ostabhängen des Jura gefunden werden. Reichen die Gletscher mit ihrer Front bis in Wasser, so erfolgt zwar, sofern dieses letztere über 0° warm ist, die Abschmelzung viel rascher, jedoch in den kalten (hochgelegenen oder Polar-) Zonen nicht so rasch, daß nicht die ungeheuren Eismassen vorwärts in das Wasser geschoben würden; das Eis ist nun bedeutend leichter als Wasser, daher wird es von letzterem gehoben; übersteigt nun dieser Auftrieb die Kraft, mit welcher das Eis aneinander hängt, oder sind die unteren Theile so abgefressen vom Wasser, daß bei der Ebbe die überhängenden Massen sich nicht mehr halten können, so reißen sich an der Stirne größere Theile los, welche auf dem Wasser umherschwimmen (so z. B. auch auf der kleinen Merjeten-See am Aletschgletscher) und von einer Trift erfaßt weit fortgetrieben werden. So bringt der nördliche Polarstrom aus der Davisstraße ungeheure Eisberge gegen Süden, dieselben stranden, wenn sie nicht vorher bereits geschmolzen sind, auf der Bank von Neufundland; sie verursachen hier eine beträchtliche Abkühlung der Luft, und ist wohl auch in ihnen die (indirecte) Veranlassung für die steten Nebel in den dortigen Gegenden zu suchen. Bei der Auflösung dieser — für die Schifffahrt gefährlichen — Eisberge sinken die von ihnen eingeschlossenen Felsstücke auf den Boden; würde sich heute die Bank von Neufundland oder die Davisstraße aus dem Meere emporheben, so würden wir dieselbe bedeckt mit grönländischem Granite finden. Solche durch Gletschereis weithin fortgeschleppten einzelnen Felsen nennt man erratische Blöcke; auf der Schweizer Hochfläche und an dem Ostabhange des Jura findet man solche, deren Struktur und Zusammensetzung beweist, daß sie von den

Alpen herstammen. Es müssen daher einst die Gletscher der Alpen bis zu einem See oder Meere herabgereicht haben, welcher das Gebiet der Schweiz bis zu dem Jura bedeckte. Ebenso liegen in der norddeutschen Ebene und in Nordwest-Rußland große Granitblöcke von den Kjölen, Zeugen, daß einst das Meer jene Gegenden noch überfluthete und die Gletscher der skandinavischen Gebirge bis in die See hinabreichten.

Die Aenderungen, welche durch die sich hinabschiebenden Eismassen auf der Erdoberfläche herbeigeführt werden, sind noch bedeutender als die im vorigen Abschnitte betrachteten Einflüsse des Schnees auf die Umbildung der Gebirgsländer. Je nach der Größe der herabdrängenden Eis- und Schneemassen, nach der Abschüssigkeit des Thales bewegt sich der Gletscher bald rascher, bald langsamer über die Felsen hinweg (die Geschwindigkeit ist bei den einzelnen Gletschern sehr verschieden, am Mer de glace, am Mt. Blanc betrachtete man eine Geschwindigkeit von 35 ^{cm} pro Tag, der Vernagtgletscher rückte 1843 und 44 täglich um 2 ^{m} vorwärts, ja anfangs Juni 1845 stieg seine Geschwindigkeit auf 45 ^{m} im Tage, so daß man mit bloßem Auge das Fließen desselben sehen konnte; bei den Gletschern der Adamello-Gruppe ist die Geschwindigkeit bedeutend kleiner). Bei der Ausdehnung, welche die Gletscher haben — oft viele Meilen lang und ganze Thäler mit ihrer Breite ausfüllend — und bei der Geschwindigkeit der ganzen Masse ist die entwickelte Kraft eine ungemein große; daher werden alle weichen, zerbröckelten Felsmassen mit hinabgeschoben, selbst größere, feste Felsblöcke werden mit von dem Eise in das Thal geschleppt; durch die Reibung des Eises über den Boden wird dieser letztere vollständig abgeglättet, gleichsam polirt; so zeigen die von Gletschern verlassenen Betten nur glatte Felsen. Mit den bereits früher beschriebenen Wirkungen des schmelzenden und wieder gefrierenden Wassers auf feste Steinmassen übt also der Gletscher eine zerstörende Einwirkung auf die Höhen aus und führt im Innern des Eises und mittels der Moränen große Massen von Steinen zu der Ebene hinab. Diese Thätigkeit wird noch wesentlich unterstützt und gefördert durch die Gletscherbäche. Die warme Luft und die Sonnenwärme schmelzen die obersten Eisschichten rasch ab, im August oft eine über 4 cm dicke Schicht. Das Wasser dringt durch Spalten und Mühlen auf den Boden, fließt dann die tiefste Thalrinne entlang und macht sich oft weite Gewölbe im Eise; vielfach strömt es aus einem gewaltigen Thore am Fuße des Gletschers hervor und schleppt die durch Zerreibung der Felsen u. s. f. gebildeten feineren Massen mit sich fort; daher rührt die schmutzige, milchweiße bis dunkele Färbung der Gletscherbäche. Letztere helfen hierbei den Eismassen namentlich in der Vertiefung der Thalrinne. Im Winter wird zwar die obere Schicht des Eises nicht geschmolzen, dagegen wird durch die Reibung des fortschreitenden Gletschers an den Felsmassen immer einiges Eis in Wasser umgewandelt, so daß die Gletscherbäche — an Wassermenge häufig kleinen Flüssen gleich — auch im Winter Wasser haben; äußerst selten, wenn harter Frost durch Eisbildungen das Ausgangsthor der Bäche versperrt, trocknen diese völlig aus.

Neben diesen beständig hervortretenden Einflüssen der Gletscher auf die Bildungen des Festlandes sind aber noch andere zu erwähnen, die durch ihr plötzliches Hervortreten bisweilen große Zerstörungen anzurichten vermögen, und deren Einwirkungen stärker in das Auge fallen, als jene stetigen. An zwei Beispielen wollen wir die gewaltigen, momentan eintretenden Wirkungen zeigen. Bei einem Wolkenbruche mit warmer Luft brach im Herbste 1869 in wenigen Secunden der ganze untere Theil des oberen Grindelwaldgletschers (in den Berner Alpen, beim Wetterhorn) zusammen, ein Gemisch von Felsen, Eisstücken und Wasser füllte das Thal des Gletscherbaches, der weißen Lütschine, aus und die tosenden Fluthen rissen Bäume, selbst große Felsblöcke mit sich fort. Oestlich des großen St. Bernhard im Thale der Dranse endet der Gietrozgletscher an einer Felsenwand; über diese wälzt er häufig Lauinen von Eis und Schutt in das Thal hinab, wodurch der Abfluß der Dranse gehemmt wird, bis unter dem Einflusse der Wärme das Eis schmilzt und der Schutt durch das

Wasser hinweggeschwemmt wird. 1818 im Januar stürzte eine ungemein große Lauine herab, welche das ganze Thal absperrte, und welche auch dem Drucke der aufgestauten Wassermenge der Dranse nicht wich. Es bildete sich so ein See von über 1 Kilometer Umfang und 80 m Tiefe; trotz eines durch den Schuttdamm geführten Abzugscanals stürzte diese Eis- und Schuttbarrière Mitte Mai unter dem Drucke des Wassers zusammen und die ungeheure Menge aufgestauten Wassers toste mit furchtbarer Gewalt das Thal hinab und verwüstete noch das Thal des Rhone bis zum Genfersee; ein Strom von 100 m Höhe, Wasser, Eis, Felsen, Bäume, zertrümmerte Häuser durch einander gemischt, ergoß sich in das Thal.

Die Verbreitung der Gletscher auf der Erde hängt nach dem Vorstehenden wesentlich von der Höhe und der Formation der Gebirge ab; während in den Alpen weite Strecken von Gletschern überdeckt sind (ihre Hauptbezirke sind namentlich der Mt. Blanc, Mte. Rosa, Berner Alpen, Bernina, Großglockner u. s. f.), zählt man in den Pyrenäen nur wenige und unbedeutende Gletscher; sehr zahlreich sind dieselben in Skandinavien, und hier scheinen sie — ebenso wie auf Labrador, in Grönland, Spitzbergen, Nowaja Sembla — wesentlichen Einfluß auf die Bildung der Fjorde gehabt zu haben. Island, Jan-Mayen und vor Allem aber Grönland sind überdeckt von den ausgedehntesten Gletschern; in den heißen Zonen finden sich nur wenige in den Anden Südamerikas sowie auf der Sierra nevada de Sta. Marta; die bedeutendsten weisen der Himalaya und der Karakorum auf.

§ 27.

Der Regen.

Die aus der Atmosphäre in tropfbarflüssiger Form sich ausscheidende Feuchtigkeit, der Regen, stürzt mit einer gewissen Kraft auf die Erde; kleine Tropfen üben selbst auf den weichsten Boden keinen gestaltenden Einfluß aus, sie dringen in die Poren der Erde ein und feuchten so dieselbe an; ist der Regen anhaltend, so sickert das Wasser tief in den lockern Boden ein, während es auf Felsen zum großen Theil sich in kleinen Rinnen sammelt und kleine Bäche bildet; die schmutzige Farbe derselben zeigt, daß sie große Mengen kleiner fester Theilchen mit in die Thäler hinabführen. Fällt der Regen in großen Tropfen und in Menge, so werden in flachen Gegenden auch jetzt keine größeren Einflüsse stattfinden, als daß die Feuchtigkeit tiefer in das Innere eindringt; in hügeligen und bergigen Gegenden dagegen ist selbst auf weichem Grunde das Wasser nicht im Stande ganz in das Innere einzudringen, wenn auch eine dichte Moos- und Grasdecke das Einsickern befördert und das rasche Abfließen hemmt; die größere Menge des gefallenen Regens wälzt sich an den Abhängen hinab und flößt Mengen von Erde und Steinen zum Thal hinab. Verhältnißmäßig noch intensiver treten die Wirkungen heftiger Niederschläge an kahlen oder wenig bewachsenen Felsabhängen zu Tage, da hier durch Menschenhand meist keine künstlichen Schutzmittel gegen die zerstörenden Fluthen angewendet werden; die herabstürzenden Wasser lösen kleinere und größere Steine von der Verbindung mit den übrigen ab, zertrümmern selbst solche durch Wegschwemmen der verbindenden Theile (Thon, Glimmer), und da in die Risse und Spalten nur ein geringer Theil des Regenwassers eindringt, so bilden sich in kurzer Zeit reißende Bäche, welche die durch Frost oder andere Kräfte gelockerten Massen fortwälzen; es bilden sich so zunächst Rinnsale, denen die Wildbäche folgen und die sich unter dem Einflusse dieser letztern immer mehr erweitern; die Seitenwandungen werden unterhöhlt und stürzen allmählich zusammen, so daß breite, tief und scharf in das Gebirge eingeschnittene (Quer-) Furchen, die Anfänge von Thälern, entstehen.

Die Wirkungen solcher Wildbäche sind bisweilen furchtbar. Die Nolla, welche bei Thusis von links in den Hinterrhein sich ergießt, hat für gewöhnlich nur wenig Wasser; sie kommt vom Piz Beverin, der aus einem schwarzen, leicht zerstörbaren Kalksteine und Schiefer besteht, sie führt daher immer Mengen schwarzen Schlammes mit, die Gesteine sind dabei durch das im Boden verschwindende Wasser eines kleinen Sees (Lötschensee) locker;

als 1868 am 27. und 28. Sept. in Folge heftiger Regen über die losen Geschiebe sich zahlreiche Runsen herabstürzten, verwandelte sich in wenigen Augenblicken die Nolla in einen rasenden Schlammstrom, der sein enges Thal ausfüllte, das Thal des Hinterrheins sperrte und letztern Strom aufstaute; die Schuttmassen, welche dann durch das durchbrechende Wasser in das Rheinthal hinabgeführt wurden, verwüsteten dasselbe in seiner ganzen Breite bis zu dem Bodensee hinab.

Das im vorigen Paragraphen erwähnte Gewitter, welches 1869 bei Grindelwald so schwere Verwüstungen anrichtete, entlud sich noch heftiger weiter gegen Osten. Die Wildbäche führten von allen Bergen ungeheure Wassermengen, vermischt mit Geröll und Steinen dem Reichenbache zu; letzterer stürzt sich in, mehreren prächtigen Wasserfällen über die Thalwandungen welche das Aarthal oberhalb des Brienzersees umschließen; in wenigen Minuten war dieser Bach in einen breiten, tiefen Strom von Wasser, Bäumen, Steinen, weggeschwemmten Häusern, Ställen und Heuschobern verwandelt und stürzte sich die ganze Felswand bedeckend in das Thal; in wenig Stunden waren mehrere hundert Hectare bebauten Landes hier von Felsen und Trümmern zum Theil bis zur Höhe von 4^{m} überschüttet, Häuser vergraben oder eingedrückt, Obsthaine völlig verwüstet.

Spaltenreiche Felsen sind leichter zerstörbar, Humusboden saugt das Wasser auf, in Kies und Sand dringt dasselbe rasch ein, während Thon und Lette dasselbe nicht durchlassen; auf solchem Boden bilden sich daher in der Ebene leicht stehende Lachen, wenn das Wasser keinen Abfluß hat; aus diesen stagnirenden Gewässern entstehen bei hinreichendem Pflanzenwuchs (namentlich Moose, Droseraceen u. s. f. gedeihen hier) Sümpfe, Moore oder Moose genannt. In den arktischen Regionen, in denen die mittlere Jahreswärme unter 0° bleibt, ist der Boden in einer gewissen Tiefe, wie bereits früher besprochen wurde, stets gefroren und thaut nicht auf; die Feuchtigkeit der darüber liegenden Schichten kann daher nicht einsinken, und da die Verdunstung nur eine sehr geringe ist, so bilden diese Flächen während des Sommers weite

Sümpfe, im Winter sind sie von Frost erstarrt (die Tundren in Nordeuropa, im Gebiete des Ob und Jenesei und in Nordamerika).

§ 28.

Die unterirdischen Wasseradern und Quellen.

Von dem Wasser, welches als Regen auf die Erde niederfällt oder beim Schmelzen des Schnees entsteht, dringt ein großer Theil in den Boden durch die feinen Poren allerwärts ein und sinkt durch die Spalten immer tiefer und tiefer hinab. In dem durch Ackerbau stets bearbeiteten Boden sinkt es wegen der Feinheit der Poren selten tiefer als 1 m, dagegen durch die größeren Spalten und Risse in Felsen, wo keine kleinen Erdtheilchen die Adhäsion vergrößern und dadurch das tiefere Eindringen verhindern, steigt es in große Tiefen hinab. Die aus der Atmosphäre ausgeschiedene Feuchtigkeit enthält fast gar keine fremden Bestandtheile, sie ist chemisch reines Wasser. Nun hat aber dies letztere die Eigenschaft, daß sich in ihm die meisten Stoffe, aus denen die Erde besteht, in größeren oder geringeren Mengen auflösen d. h. daß sich diese im Wasser so fein vertheilen, daß hierdurch für das menschliche Auge keine große Aenderung stattfindet. Namentlich Kalk, Silicate, Magnesiasalze u. s. f. werden vom Wasser in größeren Quantitäten aufgelöst und zwar um so mehr, je höher die Temperatur des Wassers ist.

Bei dem Eindringen in den Boden kommt nun das Wasser mit den einzelnen Stoffen in Berührung und löst hierbei einen Theil derselben auf; dadurch aber werden die kleinen Kanäle, durch welche es niedersinkt, immer mehr erweitert, so daß dieselben allmählich größere Dimensionen annehmen, selbst zu ausgedehnten Höhlungen werden können. Diese müssen sich natürlich am stärksten ausgebildet finden in solchen Gebirgen, welche aus leicht löslichen Gesteinen bestehen, wie in Kalkgebirgen. Daher sind alle diese von inneren großen Gängen durchzogen; solche finden sich namentlich in den Ostalpen (Krainer Plateau, Karst), im schweizer und schwäbischen Jura u. s. f. Am bekanntesten in Deutschland sind die

Adelsberger Grotte und die Dechenhöhle; die größte ist wohl die Mammuthhöhle in Kentuky, Nordamerika.

Bei geschichteten Gesteinen wird das Wasser meist in der Richtung der Schichtungen, zwischen je zweien derselben in die Tiefe dringen und vorzüglich einzelne weichere Schichten zunächst auflösen. So fand man bei der Durchbohrung des Mt. Cenis und des St. Gotthardt, daß tief im Inneren sich die stärksten mit Wasser gefüllten Adern in den glimmerreichen Schichten, welche den Granit durchsetzen, finden. Verderblich wirken solche Wasseradern häufig in den Bergwerken, wo durch ihre Oeffnung plötzlich ungeheure Wassermengen hervorbrechen und das ganze Werk zu „ersäufen" vermögen (Salzbergwerke von Wilitzka). Durch das Auswaschen oder Auflösen einzelner Schichten wird der Zusammenhang der übrigen Schichten gestört, so daß Verschiebungen oder Zusammenstürze erfolgen müssen. Solchen Einstürzen werden namentlich die merkwürdigen, trichterförmigen Vertiefungen (Dolina) auf dem Karst ihren Ursprung verdanken. Es werden aber auch die furchtbarsten Bergstürze durch dieselben Eigenschaften des Wassers herbeigeführt; befördert werden solche großartige Naturerscheinungen, welche bedeutende Umwälzungen in der Formation der Erdoberfläche herbeizuführen vermögen, durch die Richtung der Schichtungen und die Zusammensetzung der Gesteine; findet sich in diesen eine schrägstehende Thonschicht, so vermag das Wasser nicht durch dieselben zu dringen und gleitet an ihr entlang in die Tiefe hinab; in Folge dessen haften die oberen Schichten nie an jener mit dauerhafter Festigkeit; es tritt daher hier am leichtesten eine Loslösung großer Gesteinmengen hervor. Bedeutende Bergstürze, die dem Vorstehenden gemäß am häufigsten nach anhaltendem Regen eintreten müssen, ereignen sich in allen Gebirgen. Bekannt durch ihre großartige Wirkung sind die Bergstürze im Passeyerthale in der Nähe von Meran, der Einsturz des Roßberges und die Verschüttung von Goldau. Im Jahre 1876 stürzte bei Caub ein Theil der Schieferfelsen in das Rheinthal hinab und begrub mehrere Häuser; bei Unkel (oberhalb Bonn) rutschte in einer Nacht ein ganzer Berg in die

Tiefe und engte den Rhein sehr ein; an der Küste von England machten die Bergschlüpfe im Frühjahre 1877 eine Bahnlinie auf große Strecken unbrauchbar. Die Südwand der Calanda, von welcher schon mehrmal bedeutende Stücke sich loslösten, droht den Ort Felsberg im Rheinthale — nahe bei Chur — zu verschütten.

Aber nicht blos solche plötzliche, dem menschlichen Auge die Gewalt der Natur zeigende Aenderungen sind die Folgen der inneren Auswaschungen durch das eindringende Wasser, sondern auch allmähliche Verschiebungen werden auf diese Weise herbeigeführt; wenn sie auch momentan keinen größern Einfluß auf die Bildung der Erdoberfläche haben, so ist doch ihre gestaltende Wirkung wegen ihrer Stetigkeit von hoher Bedeutung. Solche Verschiebungen werden an den verschiedensten Orten beobachtet, z. B. oberhalb Rolandseck am Rhein, wo ein ganzer Bergabschnitt in langsamem Vorwärtsschreiten begriffen ist, an der Nordseite von Aachen, wo selbst Häuser und Gärten verschoben werden.

Die unterirdischen Wasser sammeln sich in größeren Adern und treten zu Tage, wenn diese Adern eine Oeffnung nach Außen hin haben, welche tiefer liegt, als im Innern das Wasser steht; es bildet sich eine Quelle. Ein Haupterforderniß für solche ist also die Unebenheit des Bodens, da das Wasser an höheren Stellen eindringen und an tieferen heraustreten muß, wenn nicht noch besondere — später erst zu betrachtende — Kräfte mitwirken. Spring- und intermittirende Quellen erklären sich nach dem Vorstehenden leicht. In flachen Gegenden und dort, wo ein durchlässiger Boden tief hinabreicht und daher eine Bildung von Wasseradern hindert, kann man das für den menschlichen Haushalt nothwendige Wasser nur durch Herstellung von Brunnen erhalten, welche bis in die vom Wasser durchdrungenen Schichten reichen.

Eine besondere Beachtung verdienen die artesischen Brunnen. Die in dem Boden auf hohlen Thonschichten sich sammelnden Wassermengen finden nicht immer die nothwendigen Ausgänge, um in natürlichen Quellen auszuströmen, sie stauen vielmehr und bilden auf diese Weise tief im Innern große Reservoire. Wo nun durch die Formation der Berge und die Bestandtheile der Schichten solche innere Wasseransammlungen angezeigt sind, stellt man künstliche Ausflußadern her, bisweilen von ungemeiner Tiefe, durch welche das Wasser zufolge des Gesetzes der communicirenden Röhren mit Gewalt hervorbricht. So steigt aus dem Brunnen von Grenelle (bei Paris), der eine Tiefe von 540 m hat, eine Wassersäule von über 28 m in die Höhe. Ein solcher Brunnen bei St. Louis (Missouri) liefert Wasser aus einer Tiefe von 800 m. Wie groß die Wassermengen sind, zeigt der artesische Brunnen von Passy (Paris), der über 5 Kubikmeter in der Minute liefert. Bedeutend vor Allem sind die von den Franzosen am Südfuße des Atlas in dem Gebiet der Wüste Sahara erbohrten Brunnen, welche weite Oeden in fruchtbare Gefilde umwandelten.

Da der Boden in einer gewissen Tiefe die mittlere Jahrestemperatur der Gegend hat, so wird auch die Quelle, welche aus dieser Tiefe hervorbricht, dieselbe Wärme aufweisen; doch können auch hier durch besondere Umstände wesentliche Abweichungen hervorgebracht werden; von den durch die innere Erdwärme hervorgebrachten warmen und heißen Quellen (Thermen) wird später noch Erklärung gegeben werden, aber auch bedeutende Abkühlungen können stattfinden. Dringt das Wasser durch Höhlungen in stark porösen Gesteinen (z. B. Laven), in denen eine starke Verdunstung von Wasser stattfindet, so wird sich das Wasser abkühlen, so daß die Temperatur der Quelle unter die mittlere Jahreswärme der Gegend sinkt.

Keine aus dem Boden hervorsprudelnde Quelle bringt chemisch reines Wasser, vielmehr enthält letzteres (nach dem Früheren) eine Menge von Stoffen aufgelöst. Je wärmer das Wasser, um so leichter löst es fremde Körper auf; daher werden die kältesten Quellen im Allgemeinen auch reiner sein, als die wärmeren. Eine fast absolute Reinheit hat die Quelle der Dorne im Departement Ardèche; unter den deutschen Quellen ist vor Allem Wildbad (mit 0,056 % aufgelösten Bestandtheilen) die reinste. Pfäffers (nördlich von Chur in der Taminaschlucht) enthält 0,029, Gastein 0,035 % fremde Stoffe. Andere Quellen enthalten häufig über 2 und mehr % aufgelöster Salze (Gyps, Salz, Kalk und Silicate). Vor Allem sind für den Menschen wichtig diejenigen Quellen, Solen genannt, welche das dem Menschen unentbehrliche Kochsalz in solchen Mengen enthalten, daß man dasselbe leicht durch Verdampfung des Wassers darstellen kann. Deutschland ist an solchen besonders reich; die bedeutendsten sind: Reichenhall im bairischen Salzkammergut, Hall in Würtemberg, Halle a. d. Saale.

Ist der Gehalt des Wassers an aufgelösten Bestandtheilen so groß, daß bei der Abkühlung und der stets eintretenden Verdunstung in der Atmosphäre diese Stoffe von dem Wasser nicht mehr alle enthalten sein können, so müssen sie zum Theil ausgeschieden werden; sie bilden alsdann Niederschläge, incrustiren alle in die Quelle gelegten Gegenstände. Bekannt sind von solchen Quellen vor Allem Karlsbad, ferner Tivoli, dann die von Hieropolis in Kleinasien (auf dem heutigen Plateau von Pambuk-Kelessi östlich von Smyrna). Diese Steingestaltungen zeigen die sonderbarsten Formen, bilden Mauern, Säulen, selbst künstliche Brücken. Auf ähnliche Weise werden die Staunen erregenden Stalaktiten (Tropfstein) erzeugt; das in Höhlungen (selbst bisweilen bei tiefen Kellern) von oben eindringende Wasser verdunstet und läßt seine festen, früher von ihm aufgelösten Bestandtheile zurück, die in herabhängenden Säulen bei der nur schwachen künstlichen Beleuchtung der Höhlen so märchenhafte Erscheinungen bilden.

Auch die Leitungen von Quellwasser werden häufig durch die Ablagerungen des Kalksinters allmählich verengt; so sind die Reste der römischen Wasserleitung, welche aus der Eifel nach Cöln führte, heutzutage stark incrustirt.

Steigt eine mit Auflösungen völlig gesättigte warme Quelle empor, so muß sie, in den oberen Schichten abgekühlt, einen Theil dieser festen Bestandtheile wieder als Niederschlag schon auf dem Wege nach der Erdoberfläche abgeben und so den eignen Ausflußcanal verengen, ja sogar mit der Zeit verstopfen. Auf diese Weise wird von den Geologen nicht blos die Bildung von Achaten, sondern auch die Ausfüllung von Adern in den Felsen mit edeln Metallen erklärt.

Wie bedeutend der umbildende Einfluß des Wassers durch Auflösung von Stoffen im Innern der Erde und Wegführung derselben ist, möge noch an einzelnen Beispielen erläutert werden. Eine Quelle des Bades Leuk (am Südfuß der westlichen Berner Alpen, im Canton Wallis) fördert jährlich über 1600 Kubikmeter Gyps zu Tage; bei Halle a. d. Saale sind die Salinen bereits seit dem 8. Jahrhundert nachweislich benutzt, gegenwärtig werden jährlich ca. 180,000 Cntr. Salz aus ihnen gewonnen oder über 3200 Kubikmeter. Ein Fluß von 200 ^{m} mittlerer Breite, 2 ^{m} Tiefe und einer Geschwindigkeit von 1 ^{m}, dessen Wasser nur 2 % feste Bestandtheile aufgelöst enthält, führt jährlich etwa 50 Mill. Kubikmeter feste Bestandtheile weg, welche alle durch die Quellen aus dem Erdinnern entnommen sein müssen. Wir ersehen daraus, welch große Hohlräume unter der Erde entstehen müssen, die anfänglich von dem Wasser ausgefüllt sind, dann aber, wenn dieses durch Oeffnung neuer Adern die alten Räume verlassen hat, durch Zusammenbruch gewaltigste Aenderungen herbeiführen müssen.

Enthalten Quellen mineralische Stoffe, welche auf den menschlichen Organismus bestimmte Wirkungen ausüben, so nennt man sie Heilquellen; unter ihnen sind namentlich jene von Bedeutung, in denen freie Kohlensäure auftritt; die Mehrzahl derselben sind gleichzeitig Thermen, — sie sind, wie überhaupt ja jede Quelle uns von dem unbekannten Erdinnern erzählt, Zeugen für die noch nicht ruhende vulkanische Thätigkeit; daher werden wir später noch auf sie ausführlicher zurückkommen.

§ 29.

Bäche und Flüsse im Oberlauf. Längen- und Querthäler.

Das durch eine Quelle aus dem Erdinnern oder das aus einem Gletscher durch stete allmähliche Abschmelzung hervorsprudelnde Wasser sucht zufolge des Gesetzes der Schwere nach den tiefer gelegenen Punkten der Erdoberfläche zu gelangen, es fließt ab. Es bildet alsdann einen Bach oder einen Fluß, je nach der Wassermenge, welche hinabgeführt wird. Eine scharfe Grenze zwischen Bach und Fluß gibt es nicht, ebenso wenig wie zwischen Fluß und Strom. In Ländern von vielen großen und starken Wasserläufen werden die ersteren Bezeichnungen noch auf solche angewendet, die in andern Gegenden schon als Ströme bezeichnet werden. So nennen wir Rhein, Elbe und Oder Ströme, während bedeutend größere Gewässer, welche in den Amazonenstrom sich ergießen, noch Flüsse genannt werden.

Zufolge der auflösenden Kraft des Wassers und der durch das Hinabströmen erlangten Geschwindigkeit verbunden mit der Schwere des Wassers gräbt sich der Bach ein Bett d. h. eine Rinne, welche die fließende Wassermenge aufnimmt. Je größer der Höhenunterschied zwischen den einzelnen Stellen des Thales ist, um so rascher fließt der Bach und um so größer ist die Kraft, welche die dem strömenden Wasser entgegenstehenden Hindernisse zu überwältigen sucht. Bei starken Regengüssen, wenn von allen Höhen Wildbäche herabbrausen und den Bach oft in einen wilden Strom verwandeln, vermag das Bett das Wasser nicht mehr zu fassen, der Bach oder Fluß tritt über seine Ufer und mit seiner gewaltigen Kraft reißt er nicht blos die leichteren Stoffe, sondern Steine und Felsen mit und vertieft und erweitert auf diese Weise die Thalrinne. An ruhiger fließenden Stellen werden diese mitgeschleppten Gegenstände wieder abgelagert und zwar die schwereren zuerst. Wie groß diese Schuttmengen sind, erkennt man namentlich leicht dort, wo kleinere Bäche über eine bedeutende Höhe in das Thal hinabstürzen; der meist sehr wasserarme Staubbach (im Lauterbrunner Thal südlich von Interlaken im Canton Bern) bringt alljährlich große Mengen von Steinen in das Thal hinab und hat dadurch auf der einen Seite desselben bereits einen ganzen Hügel gebildet, welchen fortzuschaffen der Bach des Thales — die schwarze Lütschine — nicht stark genug ist. An der Stelle, wo das Wasser aufstürzt, werden die Steine durch die Gewalt desselben immer fortgeschleudert und so bildet sich inmitten des Aufschüttungskegels eine Mulde, in der sich das Wasser des Baches, wenn der Boden nicht durchlässig ist, zunächst als Teich ansammelt (so ist es bei der Sallenche der Fall, welche vom Dent du Midi in den Savoyer Alpen kommt und in das Thal des Rhone nahe bei St. Maurice stürzt).

Aber auch das Bett des Baches und Flusses ist steten Aenderungen unterworfen. Wegen der an verschiedenen Stellen verschieden stark vortretenden Hindernisse bleibt die Richtung des fließenden Wassers nicht stets dieselbe, der Bach schlängelt sich vielmehr zwischen den größeren Widerstand leistenden Bodentheilen hindurch; in Folge dessen trifft das strömende Wasser bald das eine, bald das andere Ufer, schwemmt an demselben Grund weg, wodurch ein Zusammensturz der Uferböschungen erfolgt; die herabstürzenden Massen werden weitergeschwemmt und so wird das Bett immer mehr erweitert, an einzelnen Stellen selbst verlassen und ein neues gegraben. Am stärksten zeigen sich diese zerstörenden Wirkungen dort, wo das Wasser einen steileren Hang herabstürzt; die Felsen werden durch die mitgeführten Steine abgeschliffen, ausgewaschen, gelockert, und schließlich hinabgestürzt; wo starke Wirbel im Wasser entstehen, werden Steine in steter drehender Bewegung erhalten und so Felsen ausgehöhlt, Mühlen, Riesentöpfe gebildet; solche Auswaschungen zeigt sehr schön das in der Stadt Luzern (im Gletschergarten) sichtbare, verlassene Bett eines Gletscherbaches.

Solche durch fließende Gewässer gebildete Thäler nennt man Erosionsthäler; schwach wird man alle diese Erscheinungen im Flachlande, stark im Gebirgslande sehen. Diese auswaschende Arbeit des Wassers wird erleichtert, wenn der Bach oder junge Fluß eine natürliche Rinne findet, wo also verschiedene Schichten aufeinander aufliegen und dabei die obere die untere nicht völlig deckt, oder wo parallele Gebirgsketten zwischen sich ein Thal gebildet haben; in diesem Falle spricht man von Längenthälern. Für solche können als bezeichnende Beispiele dienen das

Thal des Rhone von der Quelle bis zu dem Knie bei Martigny, wo der junge Fluß vor den Ostabhängen der Savoyer Alpen zurückprallt und nach Nordwesten sich zu wenden gezwungen wird; ferner das Thal des Vorderrheins bis Chur.

Wesentlich anders verhält es sich mit den Flüssen, welche kein natürliches Thal finden, indem diese sich ihr Bett durch Vertiefung bilden; der ganze Weg, den das Wasser nimmt, muß durch mühsame Auswaschungen, durch Durchsägung von Gebirgsstöcken gebildet werden. Das Wasser muß sich zunächst in Mulden sammeln, bildet dadurch Seen, bis es die Höhe eines der einschließenden Gebirgskämme erreicht, alsdann stürzt es über denselben und fällt in die nächste Mulde hinab, es bildet sich ein Wasserfall, welcher in den überflutheten Kamm eine immer tiefere Rinne einschneidet und die hier abgerissenen Felsmassen in der Vertiefung wiederum ablagert, sie auszufüllen sucht. Solche kleinere oder größere Gebirgsseen, welche allmählich mit der Durchsägung der hindernden Barrièren verschwinden müssen und von ihrer Existenz als Beweis nur die großen auf dem natürlichen Boden aufgelagerten Gesteine zurücklassen, findet man in allen Hochgebirgen. Ein charakteristisches Beispiel bietet der Ritomsee im Piorathal (auf dem Wege von Airolo nach Dissentis am Hinterrhein). Nach und nach werden alle Hindernisse besiegt und es wird durch die Erosion ein Querthal gebildet. Einen Beweis dafür, daß ein Thal ein Querthal ist, bieten die umgebenden Felsen dar, die Gebirgskämme stehen senkrecht gegen die Richtung des Flusses, sie fallen in scharfkantigen Gräten gegen diesen ab, während bei Längenthälern abgerundete Berge mit parallelen Kämmen den Fluß begleiten; die Gesteine, aus denen die Gebirge bestehen, sind auf beiden Seiten der Querthäler dieselben und zeigen auch dieselben Schichtungen. Beispiele solcher Erosions-Querthäler bieten alle Quellflüsse; so der Hinterrhein, der die prachtvollen Schluchten der Via mala bildet, der Tessin, der unterhalb Airolo bei der Durchbrechung des Platifer die berühmte Enge von Dazio grande bildet, die Reuß von Andermatt bis Amstäg; berühmt sind namentlich die

Taminaschlucht, in welcher der kleine von der Calanda strömende Zufluß des Rheins in das Kalkgebirge sich über 200 m tief eingegraben hat, so daß die senkrechten Felswände sich oben zum Theil wieder schließen, und die Gorge du Trient, durch welche die von der Tête noire der Rhone unterhalb Martigny zuströmende Trient in den Granit eben solche scharfe Einschnitte gemacht hat.

Bei der Durchsägung von Gebirgsstöcken wird dort das Wasser am raschesten die Arbeit vollenden, wo seine Gewalt am größten ist, also bei den bedeutendsten Höhenunterschieden, im Allgemeinen dort wo der Fluß aus den hemmenden Gebirgen heraustritt. Die Durchsägung schreitet also rückwärts immer höher nach der Quelle hin und daher ist an dem unteren Ende bei Fortbildung des Thales die Kraft des Wassers schwächer, es vermag die herabkommenden Steine und Felsblöcke nicht weiter zu schaffen, somit muß sich das Bett erhöhen. So sehen wir unterhalb Amstäg z. B. das Flußbett der Reuß, unterhalb Chur das des Rheines vielfach höher als die übrige Thalsohle gelegen und müssen Dämme den Wasserlauf regeln, damit nicht bei Hochwasser plötzlich das Wasser aus dem Bette heraustritt, das umliegende Thal überfluthet und sich ein neues Bett sucht.

Besondere Erwähnung verdient noch die sogenannte Bifurcation. An vielen Stellen auf der Erde kommt es vor, daß ein junger Fluß bei der Bildung seines Thales gleichzeitig nicht über eine Barrière, sondern über zwei gleich hohe abfließt und sich so nach zwei verschiedenen Richtungen ein Bett gräbt; die beiden Flüsse gehen alsdann auseinander, aus einer Quelle entstehen zwei Flüsse, die verschiedenen Flußsystemen angehören. Das bekannteste Beispiel hierfür zeigt uns der Orinoco, der bei Esmeralda sich in den Orinoco und den dem Rio negro zueilenden Cassiquiaca theilt. Der Kalaus, welcher aus dem Kaukasus nach Norden hervorbricht, theilt sich in der kaspischen Steppe, und während der eine Arm dem Kaspisee zueilt, vereint sich der andere, häufig aber aus Wassermangel ausgetrocknete, mit dem Don. Bei dem Arno war ebenfalls früher eine Bifurcation im Apennin vorhanden; der nach dem Tibergebiet strömende Arm ist durch die von den ihm zufließenden Bächen mitgebrachten Geröllmassen verschüttet.

Nicht immer bleiben bei der Durchbrechung von Gebirgen die Bäche und Flüsse oberirdisch; findet das stauende Wasser in dem Querriegel, der es aufhält, eine offene Ader, so fließt es durch diese und erweitert sich dieselbe; hierdurch entstehen denn ganze unterirdische Flußsysteme. So entleert sich der Lac de Joux im Jura (am Westfuße des Mt. Tendre) durch einen unter dem Spiegel liegenden Canal, der in einer Entfernung von 7 Kilometer sich in das Thal öffnet und hier als Orbequelle bezeichnet wird. Zahlreich sind die unterirdischen Flüsse im Karst (Tiamro, Poik u. s. f.), bekannt ist das Verschwinden der Maas, des Guadiana in Kalkhöhlen; die Perte du Rhône ist durch Sprengung der schließenden Felsen verschwunden, die Garonne, welche vom Südabhange der Maladetta kommt, durchdringt in einer Kluft von 4 Kilometer Länge den Berg Pumero und kommt 600 m tiefer am Nordabhange des Berges wieder hervor.

§ 30.

Fluß- und Stromsysteme.

Durch die Vereinigung mehrerer Bäche und kleinerer Flüsse entsteht ein Fluß resp. ein Strom; ihm eilen von beiden Seiten die Quellen, die Abflüsse der Seen zu und vergrößern dadurch seine Wassermenge; die gesammte Erdoberfläche, von welcher das Wasser von Quellen und Wildbächen zu einem Strome sich wendet, bildet dessen Stromgebiet, die Grenze zwischen zwei Stromgebieten bildet die Wasserscheide; letztere fällt vielfach nicht, wie man wohl annehmen könnte, mit den höchsten Gebirgskämmen zusammen; so entspringt der Missouri auf den Westabhängen der Roky-Mountains (im Gebiete des Nationalpark) nahe den Quellbächen von Nebenflüssen des Columbia und bricht dann durch die östliche Hauptkette des Felsengebirges hindurch; das Thal der oberen Garonne liegt südlich der hohen Pyrenäen, von den italienischen Küstenflüssen, welche nach dem Adriameere fließen, kommt eine größere Zahl (Potenza, Chienti, Pescara u. s. f.) vom Westabhange des Apennin.

Es ist nun klar, daß für jedes System nur ein Name, der freilich bei verschiedenen Völkern auch vollständig verschieden sein kann, vorhanden ist, alle übrigen Flüsse verlieren ihre Bezeichnung, sobald sie sich mit dem namengebenden vereinen; dabei ist nicht bei jedem System dieser letztere auch der wasserreichste; so ist der Inn wassereicher bei seiner Vereinigung mit der Donau als die letztere und trotzdem verliert er seinen Namen zu Gunsten der letztern; ein ähnliches Verhältniß findet bei der Seine, bei der Elbe (Moldau) statt; häufig büßen auch beide Flüsse mit ihrer Vereinigung die Bezeichnung ein und der gebildete Strom nimmt einen vollständig neuen Namen an; so entsteht die Weser aus der Vereinigung der Werra und Fulda[1]), der Schat el Arab aus der des Euphrat und Tigris. Im Allgemeinen wird derjenige Strom der namengebende sein, dessen Stromrichtung nach der Vereinigung die bestimmende bleibt.

Das Wasser sucht zufolge des Gesetzes der Schwere stets den raschesten Abfluß, daher müssen die Flüsse, soweit keine anderweiten Umstände eine Richtungsänderung im Stromlaufe bedingen, den kürzesten Weg von der Quelle zur Mündung nehmen, im Allgemeinen wird daher die Hauptstromrichtung senkrecht, oder nahezu senkrecht zu der Meeresküste sein. Dieses Gesetz sehen wir auch in Wirklichkeit bei den meisten großen Strömen bewahrheitet. Der Lauf des Mississippi ist (abgesehen vom Delta) genau senkrecht zur Küste des Mexikanischen Busens; der Makenzie, St. Lorenzo, Ob, Jenessei, Indus, Nil, Congo, Rhone, Po, Donau zeigen alle dieses Gesetz. Tritt an irgend einer Stelle eine Aenderung in der Hauptneigung des Landes gegen die See hin ein, so muß sich hier ein Knie im Stromlaufe bilden; so ist z. B. die Abdachung des mittleren Rußlands wesentlich von Westen nach Osten gerichtet, während im östlichen Rußland gleichförmig der Boden nach Norden und Süden

---

[1]) Werra und Weser sind wohl aber beide aus dem altdeutschen Wecharra abzuleiten.

sich senkt; daher bildet die Wolga jene scharfe Biegung; der Amazonenstrom verfolgt im Gebiete der Anden eine andere Richtung als in der Ebene, die Donau, deren Strom im großen und ganzen von Westen nach Osten gerichtet ist, durchfließt verschiedene Erhebungsgebiete, daher ändert sich ihr Lauf in der ungarischen Ebene auf eine größere Strecke; die Elbe, welche das böhmische Becken in südlicher und dann in westlicher Richtung durchströmt, wendet sich in der norddeutschen Tiefebene gegen Nordwesten. Der Rhone hat anfänglich einen wesentlich ostwestlichen Lauf, tritt bei Lyon in ein neues Becken und folgt daher von hier ab dessen Abdachung, welcher bereits früher die Saone ihre Stromrichtung verdankte. Auch die Loire zeigt ein scharfes Knie.

Die allgemeine Abdachung eines Landes erleidet häufig durch Gebirgsketten, niedere Hügelzüge eine Unterbrechung; durch diese gezwungen müssen die Ströme ihre allgemeine Stromrichtung ändern und bilden daher die mannigfaltigsten Windungen; die merkwürdigsten Beispiele dieser Art zeigen der Orinoko, der Bahr-el-Azrak und der Niger; die beiden ersten umfließen, durch die Formationen der Gebirge gezwungen, fast spiralförmig ihre Quellen; dem Niger stellen sich an mehreren Stellen Felsmassen entgegen, es ändert sich daher sein Lauf so häufig, daß man nicht von einer vorwiegenden Stromrichtung bei ihm sprechen kann. Auch viele der asiatischen Flüsse (Lena, Amur, die chinesischen Ströme, der Brahmaputra) bieten charakteristische Beispiele für solche durch die Aenderungen der verticalen Gliederung des Landes bedingte Ablenkungen der Stromrichtung; unter den deutschen Flüssen ist es vor Allem der Rhein, der durch die Häufigkeit seiner scharfen Biegungen (Chur, Bodensee, Basel, Mainz, Bingen, Emmerich) auffällt.

Die Nebenflüsse eines Stromes sind in ihrer Entwicklung an dieselben Gesetze gebunden, wie der Hauptstrom selbst; während letzterer in seinem Laufe der Hauptrinne des gesammten Beckens folgt, werden seine Nebenflüsse auf den die Rinne einschließenden Abdachungen möglichst rasch hinabfließen, d. h. eine Richtung annehmen, welche zu derjenigen des Hauptstromes annähernd senkrecht steht. Dieses System ist am deutlichsten ausgebildet bei dem Mississippi; er selbst strömt von Norden nach Süden, seine Hauptnebenflüsse nehmen, abgesehen von den durch Gebirgsketten erzwungenen Abänderungen, eine westöstliche oder ostwestliche Richtung an. Die von den nördlichen Abdachungen der Alpen der Donau sich zuwendenden Flüsse stehen fast senkrecht zu jener. Die rechten Nebenflüsse des Rheins in seinem Unterlaufe zeigen dasselbe Gesetz, ebenso Neisse und Oder, Eder und Fulda, die Zuflüsse des Main, Aar und Rhein, Visp und Rhone u. s. f.

Neben den besprochenen Ausbildungen der Stromsysteme kommt noch jene der Parallelströme vor, wenn durch die Neigung des Bodens für die verschiedenen Flüsse des Gebietes nur die Entwicklung von Parallelrinnen möglich ist oder befördert wird. So vermag z. B. die Wassermenge der Donau nicht die gesammte Rinne der nieder-ungarischen Tiefebene auszufüllen und haben sich daher in ihr Donau und Theis parallele Flußbetten gegraben; Euphrat und Tigris, Irawaddi und Salurme, Senegal, Gambia und Rio Grande, die spanischen Flüsse bilden solche Parallelströme; in Deutschland zeigen am deutlichsten Kocher und Jaxt in ihrem ganzen Stromlaufe von Quelle bis zur Mündung die Parallelität. In den verschiedenen Erdtheilen haben sich die Stromsysteme eigenthümlich vertheilt und gestaltet. Zunächst ist es auffällig, daß in den großen Ocean, aus welchem die meisten Dünste aufsteigen, um als Regen die Erde zu befruchten und dann in den Flüssen wiederum dem Meere zuzueilen, sich so wenige Ströme ergießen; die asiatischen sind zwar wasserreich, dagegen gering an Zahl und an Bedeutung gegenüber den nach Nord und Süd abfließenden Gewässern; in Nordamerika brechen aus den Felsengebirgen nur der Juchon, Fraser, Columbia und Colorado hervor, um zum Stillen Meere zu eilen; Mittel- und Südamerika aber liefern ihm gar keinen Fluß. Daher muß dem großen Ocean das durch Verdampfung verlorene Wasser durch Meeresströmungen ersetzt werden. In das nördliche Eismeer ergießen sich aus allen drei bezüglichen Erdtheilen wasserreiche Ströme, so daß ihm vom Lande aus mehr wieder zugeht, als es an die Luft verliert. Beim indischen Ocean wird die rückkehrende Wassermenge mit der verlorenen sich annähernd ausgleichen. Am meisten begünstigt erscheint der atlantische Ocean, dem in Europa, Afrika und Amerika alle bedeutendsten Ströme (direct oder indirect) sich zuwenden.

In Europa haben wir sehr zahlreiche Stromsysteme, die sich in der westlichen Hälfte mehr dem Norden, in der östlichen Hälfte mehr dem Süden zuwenden; dabei gibt es mehrere Hauptknotenpunkte, von denen die Quellen nach den entgegengesetzten Richtungen ausgehen; die Centralalpen liefern von einem verhältnißmäßig kleinen Raume ihre Gewässer an die verschiedensten Stromsysteme und Meere; aus den nördlichen Thälern der Berner Alpen, der St. Gotthardgruppe und den nordwestlichen der Graubündner Alpen wenden sich alle Quellen dem Rheine und dann der Nordsee zu; der Rhone entfließt den gewaltigen Gletschern des Galenstocks in der Gotthardgruppe und führt alle den nördlichen Abhängen der penninischen, den südlichen der Berner Alpen entquellenden Gewässer zum Löwenbusen; durch Sesia, Tessin (mit der Toce) und Adda gehören die von den Südabhängen der Centralalpen kommenden Flüsse in das Gebiet des Po, der sich in das Mittelmeer ergießt, während der Inn die Gewässer durch die Donau nach dem schwarzen Meere leitet. Einen ähnlichen Knotenpunkt bildet im Osten die Waldaihöhe; von ihr und aus ihrer nächsten Umgebung wenden sich die entquellenden Gewässer durch Lowat-Wolchow zum Finnischen Busen, durch die Düna nach dem Rigaischen Busen, in der Wolga zum Kaspischen, im Dnjepr zum schwarzen Meere. Auch im Fichtelgebirge scheiden sich verschiedene Stromsysteme.

Die Zahl der Stromsysteme Asiens ist nicht sehr groß, wogegen die einzelnen freilich an Größe und Kraft die europäischen Flüsse weit übertreffen; von wesentlichem Einfluß auf die Entwicklung dieses Erdtheiles ist es, daß nach Norden sich so bedeutende Gewässer wenden; das charakteristische Merkmal der Flußbildungen für Asien ist deren Anordnung zu je zweien, gleichsam Zwillingsströmen: Ob-Irtysch, Schilka-Kerulun (die sich zum Amur vereinen), Whangho-Yang-tse-kiang, Saluen-Irawaddi, Bramaputra-Ganges, Indus-Setledsch, Euphrat-Tigris, Syr-Darja-Amu-Darja.

Die afrikanischen Flüsse sind merkwürdig durch ihren Seenreichthum, auch hier ist ein Centralknotenpunkt, in welchem die verschiedenen Flußsysteme zusammenstoßen (Nil, Congo, Zambesi). Australien besitzt nur ein ausgebildetes Stromsystem. In Südamerika, dem Lande der einfachsten Verhältnisse, in welchem die Gebirge und Ebenen nicht durch ihre Zahl, sondern durch die Größe sich auszeichnen, und in welchem nur wenige Becken vorhanden sind, vereinen sich alle aus den einzelnen Gebirgen hervorbrechenden Flüsse zu wenigen, aber den bedeutendsten Stromsystemen der Erde; der Rio de la Plata ist der breiteste, der Amazonenstrom der längste und wasserreichste, der Orinoco der tiefste Strom der Erde; letzterer führt dem Meere ebensoviel Wasser zu als der Mississippi, der Vater der Ströme. In Nordamerika finden wir wieder mehrere Knotenpunkte, von denen aus strahlenförmig die Flüsse nach allen Richtungen der Windrose sich wenden; der bedeutendste unter ihnen ist die Gegend des noch später genauer zu betrachtenden Nationalpark im Felsengebirge (mit der Fremontspitze); der Missouri mit dem Yellowstone- und Bighorn-River, Quellen des Platteflusses wenden sich von hier nach Osten, der Green-River (Colorado) nach Süden, der Snake-River und Clarke (Columbia) nach Westen. Weiter nördlich im Felsengebirge kommen aus einem ebenfalls verhältnißmäßig kleinen Gebiete Quellflüsse des Fraser, Peace, Athabasca, Saskatschawan und Columbia. Aus dem waldreichen Hügellande, aus welchem der Mississippi nach Süden seinen Lauf nimmt, strömt der Red-River nach Norden zum Winnipegsee, andere Bäche zum Oberen See.

§ 31.

Das Flußbett und die Wassermenge der Ströme.

Wie im vorhergehenden Paragraphen gezeigt wurde, hängt die Hauptrichtung eines Stromes von der allgemeinen Abdachung des Landes ab; in seinem Laufe wirkt er aber ebenso, wie die Quellbäche und Flüsse im Gebirge, zerstörend an der einen Stelle und wieder aufbauend an einer andern. In der Rinne seines Beckens gräbt er sich eine tiefere Furche, sein Bett; je rascher er strömt, um so tiefer höhlt er dies aus, in kurzer Zeit in lockerem Boden, langsam und allmählich zwischen Felsen und harten Gesteinschichten; immer aber sucht der Strom den Weg, der ihm den geringsten Widerstand bietet; daher bildet er in seinem Laufe so häufig Windungen der sonderbarsten Art. Bekannt sind die zahlreichen Krümmungen, welche die Nebenflüsse des Rheins, die Theiß, zeitweise die Donau machen.

Die Hauptströmung des Flusses liegt nicht in der Mitte des Bettes, vielmehr wendet sie sich bei den Krümmungen des Flusses und bei den Unregelmäßigkeiten des Flußgrundes bald mehr gegen das eine, bald mehr gegen das andere Ufer. Durch den hierbei hervorgebrachten Druck und den Stoß des Stromes wird daher stetig der Uferrand abgewaschen, die abgeschwemmte Erde und die Steine werden weiter geführt und an andern Stellen — mit ruhigem Wasser — wieder abgelagert.

Daher ändern sich die Ufer stetig durch Abnahme an einzelnen Stellen, durch Zunahme an andern; Inseln verschwinden, und an andern Orten treten Sandbänke und neue Eilande hervor. Durch diese Aenderungen in der Stromrinne wird aber auch die Stromrichtung selbst auch wiederum beeinflußt, so daß durch diese wechselseitigen Wirkungen der Strom zu ganz neuen Bahnen gelenkt wird. So finden wir z. B. deutlich die Spuren eines verlassenen Rheinbettes östlich des jetzigen Stromes in der Gegend von Carlsruhe, unterhalb Bonn floß derselbe Strom weiter westlich, am Niederrhein zeigen sich noch zahlreich die alten jetzt verlassenen Stromrinnen; daß die Hauptwassermasse des deutschen Stromes einst nicht durch Leck und Waal sich dem Meere zuwandte, zeigt, daß ein anderer Arm, der jetzt nur durch einen Kunstbau noch mit dem Oceane in Verbindung steht, den Namen des Rheines von Alters her weiterführt. Einen

Beweis dafür, daß eine Rinne einst Strombett gewesen oder daß ein Steingeschiebe von fließendem Wasser abgesetzt ist, gibt uns das Vorhandensein von bestimmten Gesteinen; ist der natürliche Boden durch eine Rinne ausgehöhlt, in der fremde, der Gegend nicht angehörige Steinarten abgelagert gefunden werden, so muß die Rinne durch eine fremde Gewalt (durch diejenige des Wassers) ausgewaschen, müssen die fremden Gesteine in ihr von derselben Kraft hieher gebracht worden sein. Die einzelnen Felsstücke zeigen beim Bruch scharfe Kanten und Ecken, durch das Vorwärtsschieben im Wasser schleifen sich alle Schärfen ab, so daß die von einem fließenden Wasser abgelagerten Geschiebe alle abgerundet, ohne Spitzen und Kanten erscheinen.

Veränderungen im Strombett, Bildung einer neuen Rinne und Verlassen einer alten erfolgen namentlich leicht bei hohem Wasserstande; so ist das Bett des Rheines von Chur und dem Bodensee durch Dämme eingeschlossen, da die aus den Hochgebirgen herabgewälzten Geschiebe dasselbe so erhöht haben, daß das Wasser bei jedem Schwellen das ganze Thal überfluthen und verwüsten würde; bei einem Hochwasser aber liegt trotzdem die Gefahr nahe, daß der jugendliche Strom in seiner Alles niederwerfenden Kraft bei Sargans sein nördliches Thal verlasse und sich in der — wahrscheinlich von ihm selbst vor Jahrtausenden ausgewaschenen — Spalte zwischen den Glarner Alpen und den Churfirsten nach Westen wende und sich so in den Wallensee ergieße, um durch den Züricher See und das Limmat-Aarthal hinabzuströmen und erst bei Waldshut wieder in sein jetziges Bett zurückzukehren. Der Whang-ho mündete früher nur wenig nördlich des Yang-tse-kiang, wo heute der kleine Hoei-ho sich in das gelbe Meer ergießt; so waren die beiden chinesischen Flüsse wirkliche Zwillingsströme; bei einer Hochfluth im Jahre 1855 verließ er bei Khai-fung sein Bett und grub sich, weite fruchtbare Ländereien verwüstend, ein neues Strombett gegen Nordosten; er ergießt jetzt seine trüben Fluthen, welche dem gelben Meere die Namen gebende Färbung verliehen, in den Golf von Pitschili.

Daß die von einem Strome weitergeführte Wassermenge veränderlich sein muß, ist nach dem bereits früher Gesagten klar. Die Schneeschmelzen im Frühjahr, langanhaltende Herbstregen müssen die Flüsse der gemäßigten Zonen stark anschwellen lassen, während in der Dürre des Sommers dieselben immer mehr zusammenschrumpfen. Eisgänge mit Hochwasser vereint bringen die furchtbarsten Zerstörungen hervor, wie wir das fast alljährlich in größerem oder geringerem Grade an den deutschen Strömen wahrnehmen. Wolkenbrüche namentlich in bergigen, waldlosen Gegenden lassen selbst große Flüsse rasch zu bedeutender Höhe anschwellen. Bei den Strömen der Tropenländer, in denen das Wetter mit ungemeiner Regelmäßigkeit sich ändert, in denen nur eine Regenzeit und eine regenlose Zeit abwechseln, schwellen in Folge dessen die Ströme ganz regelmäßig jährlich um dieselbe Zeit an, um später wieder mit derselben Regelmäßigkeit zu fallen. Bekannt sind diese periodischen Anschwellungen besonders beim Nil, da von ihnen die Culturfähigkeit Aegyptens abhängt; aber auch alle übrigen Flüsse Afrikas, Indiens, Südamerikas zeigen diese regelmäßigen Veränderungen in ihrer Wassermenge. Wie groß die Differenzen sind, mögen nachstehende Zahlen zeigen. Der Amazonenstrom, welcher durchschnittlich in der Secunde 80000 Kubikmeter Wasser dem Oceane zuführt, bringt bei Hochwasser fast 250000, bei dem niedersten Wasserstande nur 18000 Kubikmeter; beim Mississippi schwanken diese Zahlen zwischen 35000 und 8500 (mittlere Wassermenge 17500), bei der Donau zwischen 30000 und 2000 (mittlere Wassermenge 9200), bei dem Rhone zwischen 12000 und 400 (mittlere Zahl 2600).

Die Bestimmung dieser Zahlen ist sehr erschwert durch die Beschaffenheit des Bodens der Flußgerinne; dieser besteht nur in den seltenen Fällen aus einem natürlichen Gesteine, welches das Wasser nicht durchläßt; meistens dringt ein größerer Theil der Wassermenge in den aus angeschwemmtem Gerölle oder durchlässiger Erde bestehenden Boden des ganzen Thales und dieses Grundwasser, dessen Menge zu bestimmen nicht möglich ist, steigt und fällt mit dem Flusse selbst. Seine Anwesenheit zeigen die Brunnen in den Flußthälern, die bei tiefem Wasserstande häufig austrocknen; bei steigendem Wasser quillt dies, ohne von außen hereinzufließen, in die Keller aus der Erde, um ebenso wieder in letztere bei sinkendem Flußstande zu verschwinden." Durch dieses Einsickern des Wassers in den Boden des Thales verschwinden ganze Ströme; so die von dem Nordrande des Plateaus von Iran den Salzsteppen Persiens zuströmenden Flüsse, die vom Atlas in das Gebiet der Sahara sich wendenden Gewässer. Früher verlor sich in gleicher Weise der Rhein in dem Sande Hollands, bis ein gegrabenes Bett mit undurchlässigen Umfassungen ihm einen Abfluß zur See gewährte. In dem Boden der Flußthäler können sich ganze Adern bilden, in denen das Stromwasser zum Theil unterirdisch abfließt; solchen Canälen unter dem Flußlaufe dürften wohl auch die merkwürdigen, „Mud-Lumps" genannten, Bildungen in der Mündung des Mississippi zuzuschreiben sein; in dem genannten Strome erheben sich nämlich zeitweise kleine kegelförmige Hügel, welche sich kraterartig öffnen und Wasser und Schlamm ausgießen.

§ 32.

Stromthäler, Binnenseen, Katarakte.

Die Wirkungen des fließenden Wassers bleiben nicht blos auf das eigentliche Bett beschränkt, sondern machen sich auch bei der ganzen Thalbildung bemerkbar. Während die von den Höhen bei heftigem Regen herabstürzenden Gewässer von den das Thal einschließenden Bergen und Hügeln einzelne Theile losreißen und in die Tiefe flößen, nagt der Strom stetig an der Thalsohle; er löst leichtlösliche Stoffe auf, schwemmt — namentlich bei Hochwasser — Erde, Steine und Felstrümmer mit und sucht so die Thalrinne zu vertiefen und zu erweitern; an den Wandungen lösen sich unterhöhlte Steinmassen los und stürzen nieder, wo sie vom Strome ergriffen und weiter fortgeführt werden. So setzen die größeren Flüsse und Ströme dasselbe Zerstörungswerk, wie die Quellbäche fort; auch sie bilden Erosionsthäler, wie wir solche deutlich an fast allen größeren Strömen finden (das Rheinthal zwischen Bingen und Bonn, das Neuwieder Becken ausgeschlossen, das Elbthal in der sächsischen Schweiz, die Donaudurchbrüche zwischen den Alpen und dem Meinhardtswald u. s. f.). Daß diese Thäler durch allmähliche Auswaschungen gebildet, daß die Thalsohle einst viel höher gelegen und der Strom also noch nicht die ganze Durchschneidung vollendet hatte, zeigen die Formationen der das Thal umschließenden Wandungen und noch mehr die auf den Höhen abgelagerten Geschiebe. So findet man in höher gelegenen Mulden vom Wasser abgelagerte Steine, welche ihrer Beschaffenheit nach aus den Thälern der Quellbäche stammen müssen. Diese Thalbildungen sind noch heutzutage nicht bei allen Strömen vollendet, sondern noch im Werden begriffen, wie wir in dem Folgenden ersehen werden.

Schiebt sich ein Querriegel vor einen Strom, oder trifft letzterer in seinem Laufe auf eine große Mulde, so füllt das Wasser zunächst das ganze Becken aus, es bildet sich ein See. Solche Binnenseen verlieren durch Verdunstung an der Oberfläche stetig Wasser; ist die Verdunstung größer als der Zufluß, so muß der Spiegel desselben sinken, ist sie gleich letzterem, so bleibt die Höhe stetig dieselbe; wir können alsdann diese Seen als kleine von Land umschlossene Meere ansehen, wie das Kaspische Meer, den Aral-, Balgasch-, Titicacasee, das todte Meer; ist dagegen der Zufluß stärker als der Verlust an die Atmosphäre, so muß der Seespiegel steigen, bis er den niedersten Punkt der Umgebung erreicht hat, über welchen alsdann alles weiter dem See zugeführte Wasser abfließt. Solche großen Wasserbehälter haben in mehrfacher Beziehung eine hohe Bedeutung für die Ströme; in ihnen hört die stete stärkere Bewegung des Wassers auf, daher lagern in ihnen die einmündenden Flüsse alles mitgeschwemmte Geröll ab, füllen die Mulde allmählich aus, verkleinern also den Umfang und die Tiefe des Sees; so hat z. B. der Genfer See jedenfalls einst das Thal von Wallis bis gegen den Durchbruch des Rhone bei St. Maurice hin eingenommen; der Rhonefluß hat aber durch sein mitgeführtes Geschiebe die Thalmulde zwischen den Savoyer-

und Berner-Alpen bis hinab nach Villeneuve ausgefüllt; Brienzer- und Thuner-See bildeten einst einen See, der noch in das Aarthal hineinreichte; die aus den Berner-Alpen hervorbrechende Lutschine, welche große Mengen Geröll mit sich führt, hat den mittleren Theil des Sees verschüttet und so das aus Flußanschwemmungen bestehende Thal von Interlaken erzeugt; sie und die Aar sind bestrebt den ganzen Brienzer-See auszufüllen. Auf diese Weise sind also die Seen die Schutthalden und schützen das Gebiet des Mittel- und Unterlaufes eines Stromes vor den verwüstenden Schuttablagerungen. Die aus den bairischen Alpen kommenden Zuflüsse der Donau, Iller, Lech, Isar zeigen in den Moosen nur noch die Stellen, wo früher Seen gewesen, die gänzlich zugeschüttet sind; da sie der reinigenden Becken jetzt entbehren, so ist ihr Bett breit, von Geschieben angefüllt; ihrer Kraft wird es auch zuzuschreiben sein, daß die Donau nicht direct nach Osten fließt, sondern möglichst weit nach Norden gegen die rauhe Alp und den bairischen Wald gedrängt ist.

Ein zweiter Nutzen der von den Flüssen gebildeten Binnenseen besteht darin, daß sie die aus den Hochgebirgen in sehr ungleichförmiger Weise herabkommenden Wassermengen ausgleichen. Bei Hochwasser steigt die große Fläche des Sees und ebenso der Abfluß nur allmählich, während bei schwachem Zufluß doch der ausgehende Strom auf lange Zeit von dem Seewasser gespeist wird. Während daher die der Seebecken entbehrenden Alpengewässer die schwäbisch-bairische Hochebene in breitem Bette bald seicht, klar und unscheinbar, bald aber auch als furchtbare Ströme mit trüben, Alles fortreißenden Wogen durcheilen, ist der dem Bodensee entströmende Rhein stets klar, und seine Wassermenge schwankt nie so bedeutend, wie die der genannten andern Flüsse.

Die Seen, welche in regenreichen und solchen Gegenden zahlreich vorkommen müssen, deren Boden aus undurchlässigem Felsen mit zerrissener Oberfläche besteht, zeigen in Farbe, Strömungen, Wellenbildung, Bildung des Ufers dieselben Gesetze, wie die großen Wasseransammlungen in den Meeren; viele Seen sind blau, andere smaragdgrün, manche bleigrau; Ufer versinken bei ihnen (wie 1877 am Genfer und am Züricher-See) auf weite Strecken, an andern Stellen wird neues Land angeschwemmt u. s. f.

Dort wo der aus dem See hervortretende gereinigte Strom über den das Becken abschließenden Querriegel wegfließt, gräbt er sich ganz in der früher beschriebenen Weise sein Bett. War es eine Gebirgskette oder eine Hochfläche mit schroff abfallendem Rande, so muß der Fluß einen Katarakt bilden, welcher immer weiter zurückgeht, da das Gestein von der Gewalt des Wassers allmählich zerstört und so die Flußrinne immer weiter ausgegraben wird. Die bedeutendsten Wasserfälle, welche durch die Vorschiebung eines Riegels und Aufstauung des Wassers zu einem See gebildet werden, sind der Niagara-, der Rheinfall bei Schaffhausen, sowie die Ripon-, Karuma- und Murchisonfälle des Nil vor dem Ukerewe und dem Ibrahim Paschasee; bei dem ersten ist das Gestein leicht zerstörbar und verändert sich daher der Fall fast stetig; seit derselbe bekannt geworden, hat er sich schon eine bedeutende Strecke gegen den Eriesee zurückgezogen; die hemmenden Felsen beim Rheinfalle sind fester und erfolgt daher hier keine so rasche Zerstörung. Hat der Strom das Bett bis auf die Tiefe des vor dem hemmenden Riegel gelegenen Landes auf die ganze Länge des letztern durchsägt, so muß sich der See, falls er nicht eine tiefere Erdspalte ausfüllt (wie bei den meisten Alpenseen der Fall ist), entleeren; der letzte Theil der Barrière leistet, da bei ihm die Gewalt des zerstörenden Wassers am geringsten ist, den größten Widerstand und zeigt sich solche noch durch sogenannte Stromschnellen. Als Beispiel diene uns hier der Durchbruch des Rheines bei Bingen. Taunus und Soonwald bildeten eine einzige Kette, welche den Rhein zwang, einen See aus dem heutigen Rheingau zu bilden; die Reste von Süßwasserschnecken, welche die rebentragenden, fruchtbaren Hügel dieses Schmuckkästchens des deutschen Vaterlandes bilden, zeigen, daß Jahrhunderte lang das Land ein See war. Die Durchschneidung des Gebirges zwischen Coblenz und Bingen erfolgte allmählich und war zuerst bei Coblenz vollendet; noch heute ist bei Bingen der Riegel nicht ganz durchbrochen, der Rhein bildet daher im Rheingau eine seeartige, inselreiche Erweiterung, die sofort mit der Beseitigung der Stromschnelle des Binger Loches verschwinden würde. Der Parana hat die letzten Ausläufer des brasilianischen Hochlandes (bei Fort Albuquerque in der Provinz Matto Grosso) ebenfalls noch nicht völlig durchbrochen; er bildet hier bedeutende Stromschnellen; bei Hochwasser — zur Regenzeit — vermag die ganze Wassermenge nicht durch das enge Thal abzufließen und es bildet sich alsdann der mehr als 150 Kilometer lange und 70—80 Kilometer breite See von Xarayes, der sich zur trockenen Jahreszeit allmählich entleert und von seinem früheren Dasein nur noch fieberhauchende Sümpfe aufweist.

Tritt ein Fluß aus einer Bodenformation auf eine andere von geringerer Höhe über, so müssen sich natürlich die Erscheinungen der Wasserfälle (ohne dahinterliegende Seen), der Erosion von Thälern und der Stromschnellen ebenfalls zeigen. Die Zahl solcher Wasserfälle, die jedoch eine stark wechselnde Wasserstärke zeigen, ist sehr groß in allen Erdtheilen. Die bedeutendsten sind wohl der Kaieteurfall, in welchem der Potaro im Britisch-Guyana in einer Breite von 113 m mit gewaltiger Wassermenge eine Felswand von 250 m Höhe herabstürzt, und die von Livingstone entdeckten großen Mosiwatunja- oder Victoriafälle des Zambesi; letzterer stürzt in ihnen in einer Breite von 700 m in einen von Basalt gebildeten 33 m tiefen Spalt, der sich gleich hinter den Fällen wiederum stark verengt.

§ 33.

Flußmündungen. Deltabildungen.

Bei den Flußmündungen finden wir so mannigfache Verschiedenheiten, daß scheinbar bei ihnen eine Gesetzmäßigkeit nicht zu finden ist, und doch ist auch hier trotz alles Formenreichthums das Bildungsgesetz zu erkennen. Der gegen das Meer meist gleichförmigen Abdachung des Landes entsprechend steht der Lauf des Flusses im Mündungsgebiete senkrecht zur Küste; Abweichungen von diesem Gesetze, wie sie z. B. der Mississippi zeigt, erklären sich durch Meeresströmungen oder andere Kräfte. In den Mündungsöffnungen treten das leichtere Süßwasser, welches vielfach fremde Stoffe aufgelöst enthält und Gerölle mit sich führt, und das schwerere Salzwasser des Meeres in Berührung. Ersteres hat eine bestimmte Stromrichtung und letzteres hat die Bewegungen der Wellen, der Ebbe und Fluth und an bestimmten Stellen auch eine gewisse Strömung. Aus diesen Elementen müssen sich alle an den Mündungen von Strömen zeigenden Erscheinungen erklären lassen.

Das süßere leichtere Wasser wird sich nicht sofort mit dem Meere vereinen, sondern zunächst sich auf der Oberfläche desselben ausbreiten; mit einer gewissen, allmählich abnehmenden Geschwindigkeit wird sich diese Ausbreitung bemerkbar machen, so daß man die Strömung des Flußwassers noch eine Strecke weit im Meere zu bemerken vermag. So schloß z. B. Columbus aus der Stärke der vom Orinoco herrührenden Trift, daß dieser Strom nicht einer Insel, sondern dem Festlande angehören müsse.

Liegt der Ausflußcanal eines Stromes so, daß er der vollen Kraft von Fluth und Ebbe ausgesetzt ist, so muß sich bei ersterer das Wasser den Fluß weit hinaufstauen, bei der Ebbe dagegen drängt das Meer mit dem zurückgehaltenen Flusse gemeinsam mit um so größerer Kraft hinaus, wobei alle Ablagerungen mit in das Meer gezogen werden. So entstehen die trichterförmigen Oeffnungen, welche selbst wasserarme Ströme weit in das Land hinein schiffbar, zu lebhaften Verkehrsadern machen. Solche Mündungen zeigen vor Allem stark die englischen Flüsse Themse und Severn, ebenso auch die Elbe. Treiben die häufigen Stürme aus einer Richtung heftige Wogen in solche Trichter hinein, so erreichen die Wellen, wie wir früher gesehen haben, eine bedeutende Höhe und Gewalt, sie waschen die golfartige Bucht immer weiter und tiefer aus und unterstützen so die Arbeit des Flusses; dies ist z. B. bei dem bereits erwähnten Severn der Fall.

Weite meerbusenartige Oeffnungen zeigen sich bei andern Strömen, wie bei den südrussischen, dem St. Lorenzostrom, dem Tajo und am ausgedehntesten bei dem la Plata, der eine Breite von 250 Kilometern besitzt; hier wird nicht eine Erosion die wirkende Ursache sein; diese Aestuarien oder Limans sind vielmehr tiefe ursprünglich vom Meere ausgefüllte Thaleinschnitte, in welche die Flüsse ihr süßes Wasser abgeben und aus welchen bei ihrer Größe sich das letztere nicht in einem eigentlichen Strome in das schwerere Salzwasser ergießt, sondern sich allmählich ohne scharfe Grenze mit diesem vermischt. Die Ausfüllung dieser Busen durch das Flußgerölle wird durch den Wellenschlag, Ebbe und Fluth, und andere Umstände um so mehr verhindert werden, wenn die Flüsse wie der Tajo wasserarm sind oder wenn die wasserreicheren Ströme der Ebenen nicht große Mengen von Geschieben in ihre Mündungen herabbringen.

Wesentlich anders gestaltet sich die Mündung eines Flusses, wenn dieser dem Meere Gerölle in bedeutenderen Quantitäten zuführt; tritt hier eine stärkere Strömung des Meeres dem eindringenden Wasser entgegen oder drückt letzteres zur Seite an die Küste, so muß sich auch das mitgewälzte Gestein und der Schlamm in der Flußmündung oder zur Seite ablagern, es entsteht auf diese Weise eine Barre, welche die Einfahrt in den Strom versperrt. Häufig wird diese Barre durch den vom Meere selbst herbeigeführten Sand und Schlamm vergrößert, hinter derselben bildet das süße Wasser bisweilen seenartige Erweiterungen wie beim Orangestrom oder dem Murray. Der Senegal, vor dessen Mündung der rückkehrende Golfstrom an der Küste eine scharfe Trift von Norden nach Süden bildet, wird von letzterer an seiner Mündung nach Süden gedrängt; zeitweise durchbricht er bei Hochwasser die vorliegenden Wälle, um fast senkrecht zur Küste sein Wasser in das Meer zu ergießen; die Trift aber bildet immer aufs Neue Barrièren, welche die Flußmündung verstopfen und den Senegal zwingen, auf eine längere Strecke parallel der Küste zu fließen und erst südlicher seine Vereinigung mit dem Meere zu bewerkstelligen.

Ergießt sich ein Strom in einen Meerbusen oder ein Binnenmeer, in welchem keine stärkere Strömung den ruhigen Austritt des süßen Wassers hindert, in welchem auch weder Ebbe und Fluth, noch die brandenden Wogen die Oeffnung trichterförmig erweitern, so muß die Strömung des Flusses sich ganz allmählich verlangsamen, die mitgeführten Geschiebe, die suspendirten feineren Schlammtheile setzen sich vor der Mündung ab, die schwereren zuerst, die leichteren weiter hinaus in das Meer; die Tiefe des Golfes, den man mit Recht das negative Delta nennen kann, wird nach und nach ausgefüllt bis zur Höhe des Flusses, der nur einzelne Rinnen sich offen läßt, bei Hochwasser das ganze Gebiet wieder überschwemmt und in ihm neue Schlammmassen absetzt, so daß es höher und höher aus dem Meere emporsteigt. Später werden wir sehen, daß in dieser neue Länder bildenden Arbeit die Pflanzenwelt den Fluß unterstützt. Dieses in das Meer oder auch in einen Binnensee hinausgebaute Festland, das von dem Strome in zahlreichen Armen durchflossen wird und das immer weiter in das Meer wächst, wird Delta genannt. Ganz Unterägypten ist von dem Nil auf die angegebene Weise angeschwemmt worden. Von europäischen Strömen bilden die Donau, der Po mit der Etsch, der Rhone, Ebro, die Dwina, Wolga scharf ausgeprägte Delta; bekannt sind die des Schat-el-Arab, Indus, Ganges, Irawaddi, Menam, Lena, Mississippi, des Magdalenenstromes und des Orinoko, während der Obibusen das negative Delta des gleichnamigen Stromes, das asowsche Meer das des Don darstellt.

Indem die Deltabildung immer weiter in das Meer fortschreitet, wobei die Geschwindigkeit d. h. die Größe der jährlichen Weiterbildung von der Menge der vom Flusse mitgebrachten festen Bestandtheile von der Tiefe des Meeres und von der Frontbreite des Deltas abhängt, wird das Flußbett an der Mündungsöffnung immer diejenige Tiefe und Breite bewahren, um die Wassermenge des Stromes beim gewöhnlichen Stande aufnehmen zu können; es würde also durch die Vorschiebung der Küste ein gleichförmig tiefes Bett, also kein genügender Abfluß entstehen; das Wasser sucht aber, wie wir bereits früher gesehen haben, die ganze Rinne von der Quelle bis zur Mündung gleichförmig zu machen, annähernd eine schiefe Ebene herzustellen; somit wird das Bett an der Wurzel des Deltas allmählich mit der fortschreitenden Bildung desselben erhöht, so daß hier das Flußbett häufig höher zu liegen kommt, als das angeschwemmte Land; bei Hochwasser inundirt daher der Strom diese Theile des Deltas, überschüttet sie mit Sand und Gerölle. Gegen den dadurch herbeigeführten Schaden, wenn das Land für Culturzwecke gewonnen ist, müssen sich die Anwohner durch Aufführung großer Dämme schützen; dies ist z. B. in ausgedehnter Weise bei der Weichsel der Fall.

Während das von dem Festlande dem Meere zuströmende Wasser von den Festlandsgebilden ständig Theile abreißt, Thäler ausgräbt, Höhen zu erniedern sucht und die weggerissenen Theile wieder an andern Stellen ablagert, die Tiefen ausfüllt, neue Länder bildet, führt es gleichzeitig eine große Menge Salze in chemischer Auflösung mit sich, die bei der Deltabildung gar keinen oder nur einen sehr unbedeutenden Einfluß ausüben. Diese Salze (Gyps, Kochsalz u. s. f.) bleiben in dem Meerwasser, sie bilden den Gehalt desselben an fremden Stoffen; im ersten Abschnitte ist gezeigt worden, in welcher Weise und unter welchen Bedingungen sie sich hier wieder ausscheiden, um neue Schichten — unterseeisch — zu bilden.

Das Erdinnere und dessen Reaction auf der Erdrinde.

§ 39.

Die heißen Quellen. Geysir.

Von dem Innern des Erdkegels ist uns nur sehr wenig bekannt; nur an einzelnen Stellen ist der Mensch in verhältnißmäßig sehr geringe Tiefe hinabgelangt, so daß wir wohl sagen müssen, das Innere sei uns durch directe

Betrachtung völlig unbekannt. Doch lassen uns eine große Zahl von Erscheinungen Schlüsse über den Zustand des Erdkernes und über dessen Einwirkung auf die von dem Menschen bewohnte äußere Rinde machen.

Die Tiefbohrungen nach Quellen und ebenso die Schächte in den Bergwerken zeigen überall dasselbe Gesetz, daß einerseits der Boden in einer gewissen Tiefe eine Temperatur besitzt gleich der Mittelwärme auf der äußeren Erdoberfläche, daß aber bei größerer Tiefe die Wärme zunimmt und zwar annähernd um je 1° (C.) bei 30 m. Es werden daher die Quellen, deren Wasser in seiner Bewegung nicht blos mit den oberen Schichten in Berührung kommt, sondern aus den untern und somit wärmeren Gesteinen hervorbricht, eine höhere Temperatur zeigen. So hat das aus einer Felsspalte in der Taminaschlucht mit starker Gewalt hervorquellende Wasser des Bades Pfäffers (nördlich von Chur) eine so hohe Temperatur, daß stets große Mengen von Dampf sich bilden, und daß die in Röhren nach dem 1 Stunde entfernten Ragaz geleiteten Wassermengen noch sich abkühlen müssen, um zum Baden benutzt werden zu können; die Aguas de las tricheras in Venezuela zeigen eine Temperatur von 91° u. s. f. Am zahlreichsten sind die warmen Quellen im Gebiete des Nationalpark im Felsengebirge in Nordamerika (44—45° n. Br.), aus dessen zerrissenen Bergen tausende von heißen Quellen hervorsprudeln, Wasserdämpfe um sich verbreitend.

Es ist bereits früher darauf hingewiesen worden, daß mit der steigenden Wärme das Wasser auch die Fähigkeit der Auflösung von Salzen in erhöhtem Grade erlangt; daher wirken die heißen Quellen in der bereits geschilderten Weise stärker als die kalten Quellen; da das Wasser bei seinem Aufsteigen in den obern Erdschichten sich aber wieder abkühlen muß, so setzt es in den Canälen, durch die es emporkommt, bereits einen Theil seiner aufgelösten Salze ab und verengert oft diese Canäle, wodurch die Ausflußmenge des Wassers verringert werden muß. Vor den Mündungen setzen solche heiße Quellen größere Mengen von Gesteinen ab und bilden neue Ablagerungen.

Besonders stark nimmt die Auflösungsfähigkeit des Wassers noch zu, wenn demselben freie Kohlensäure beigemengt ist. Bei hohem Drucke, also auch in den bedeutenden Tiefen, wo das darüber stehende Wasser diesen Druck ausübt, enthält letzteres die Kohlensäure verdichtet in großen Mengen, an der Atmosphäre gibt es diese (als Blasen) wieder ab. Solche starke oder schwache „Säuerlinge" finden sich überall auf der Erde vor, sie sind nicht an bestimmte Zonen gebunden. Am bekanntesten sind die Säuerlinge von Selters; an der ganzen Lahn sind solche so zahlreich, daß an einzelnen Orten gar kein süßes Wasser vorhanden ist.

Von hoher Bedeutung sind die Quellen (Thermen), wenn sie in Folge ihrer höheren Temperatur oder ihres Gehaltes an freier Kohlensäure solche Stoffe in größerer Menge aufgelöst enthalten, deren Gebrauch auf die Gesundheit des Menschen einen guten Einfluß ausübt. Die Heilquellen bilden für manche Gegenden unerschöpfliche Schätze; in Europa sind es vor Allem die Nordabhänge der Pyrenäen, die Südabhänge des sächsischen Erzgebirges, dann der preußische Regierungsbezirk Wiesbaden, der Schwarzwald, Siebenbürgen, die Süd- und Ostabhänge des Rhön, welche sich durch ihren Reichthum an trefflichen Heilquellen auszeichnen.

Aus der Wärme des Quellwassers kann man nach dem im Vorhergehenden angegebenen Gesetze über die Abhängigkeit der Temperatur des Erdbodens von der Tiefe berechnen, wie weit der Canal des Wassers hinabreicht. So würde z. B. die Quelle des Aguas de las tricheras aus einer Tiefe von über 2700 m hervorbrechen. Doch rührt auch die Wärme des Quellwassers häufig von Umständen und Vorgängen her, welche sich dicht an der Erdoberfläche befinden; so sind namentlich die Quellen, welche aus dem Innern eines Vulkans hervorbrechen, stets warm, da die hier aufsteigende Lava dem ganzen Berge eine höhere Temperatur mittheilt; als sich 1759 der Vulkan Jorullo erhob (Plateau von Anahuac), verschwand ein Bach, der die Hochfläche bewässerte und fruchtbar machte; nach kurzer Zeit hatte sich das Wasser wieder Bahn durch die gehobenen Gesteine gebrochen und erschien nunmehr als heiße Quelle; jetzt soll die Temperatur derselben, nachdem die Lava sich abgekühlt hat, kaum merklich höher sein als die mittlere Temperatur der Atmosphäre. Durch Erdeinstürze und Inkrustationen können innere Wasserkanäle verstopft, durch Auswaschungen und Zertrümmerungen tiefere Kanäle geöffnet werden; in diesen Fällen wird also die Wassermenge einer Quelle ab- oder zunehmen und die Temperatur derselben wird steigen oder fallen. So erhöhte sich z. B. nach dem Erdbeben von Lissabon die Wärme der Quelle von Bagnères de Luchon von 8° auf 50°, während jene von Bigorre i. J. 1660 plötzlich bedeutend abnahm. Merkwürdig und noch nicht völlig erklärt sind die Veränderlichkeiten, welche sich bei manchen Hochgebirgsquellen in Bezug auf die Temperatur und auf die entströmende Wassermenge zeigen; ihre Wärme und ihre Stärke steigt zu bestimmten Zeiten, um zu andern wieder abzunehmen.

Dringt das Wasser in eine solche Tiefe hinab, in welcher die Temperatur noch bedeutend höher wird, so muß es ebenfalls noch viel stärker erhitzt werden; der Uebergang desselben in Dampf wird jedoch durch den großen Druck verhindert, den die darüber stehende Flüssigkeitssäule ausübt. Bei den Herden vulkanischer Thätigkeit wird aber die Erhitzung des Wassers so hoch, daß dasselbe zum Theil in Dampf übergeht; letzterer hat bei seiner großen Elasticität auch bedeutende Wirkungen auf die ebenfalls erhitzte und darum nicht mehr so starre Umgebung. Dem Einflusse des Dampfes werden die großen Mengen von Schlamm ihren Ursprung verdanken, welche die mit Wasserdämpfen untermischten heißen Quellen Neuseelands mitbringen; auch die bei einzelnen vulkanischen Ausbrüchen (z. B. beim Vulkan del Agua in Guatemala) hervorstürzenden Schlammmassen, welche ganze Gegenden verwüsten, werden von den Wasserdämpfen hohen Druckes gebildet sein.

Die auffallendsten Erscheinungen, welche den Wasserdämpfen ihren Ursprung verdanken, sind die Geysir. In einen mehr oder weniger tiefen Trichter münden unterirdische Canäle und ergießen in denselben Wassermassen, deren Temperatur höher ist, als die Siedehitze. Es bilden sich daher sofort zum Theil Dämpfe, wodurch aber ebenso wie durch den Einfluß der äußeren kalten Atmosphäre das Wasser abgekühlt wird. Es füllt sich der ganze Trichter und über den Rand, der aus vom Wasser selbst abgesetztem Kieselsinter besteht, fließt Wasser ab, welches in Folge der Abkühlung nicht die Siedehitze erreicht; mit der Tiefe nimmt die Wärme zu und ist am Boden beträchtlich höher, doch kocht die Masse auch da nicht, weil die darüber befindliche Flüssigkeitssäule einen zu hohen Druck ausübt. So beobachtete Bunsen an dem großen Geysir in Island kurz vor einem Ausbruche an der Oberfläche eine Temperatur von 85°, in einer Tiefe von 5 m war dieselbe bereits 110°, bei 10 m Tiefe 122° und am Boden bei 20 m Tiefe 127°. Durch das zufließende heiße Wasser wird die Temperatur ständig erhöht, es bilden sich im Schlunde des Trichters einzelne große Dampfblasen, welche die ganze Flüssigkeit in Wallung bringen und den umgebenden Kegel erzittern machen; bei ihrem Aufsteigen wird der Dampf von dem weniger erhitzten Wasser wieder verdichtet und so die Temperatur der oberen Schichten erhöht; die Bildung dieser Blasen ist stets mit einem eigenthümlichen Geräusche — Detonation — verbunden. Endlich ist in einer der oberen Schichten die Temperatur des Wassers so hoch gestiegen, daß dies sich in Dampf verwandelt; durch die plötzliche Ausdehnung wird die an der Oberfläche stehende Flüssigkeit mit Gewalt emporgeworfen, auf die tieferen Schichten ist nicht mehr der frühere Druck vorhanden, sie verwandeln sich zum großen Theil nunmehr ebenfalls in Dampf, und aus dem Trichter steigt jetzt eine — oft über 60 m hohe — Säule von Wasserstrahlen untermischt mit Dampf; dies wunderbare Schauspiel der Eruption dauert bei manchen Geysirn bis zu 20 Minuten, dann stürzt die ganze flüssige Pyramide zusammen, ein Theil des Wassers über den Rand des Trichters hinweg, bei seiner Abkühlung neuen Tuff bildend, die übrige Flüssigkeit zurück in den Schlund, wo sich allmählich neue Wassermassen sammeln, um die großartige Eruption zu wiederholen. Die am längsten bekannten Geysir sind jene in Island; aus der Höhe des den Trichter umgebenden Kraterkegels aus Kieseltuff hat man geschlossen, daß sie bereits seit 11 Jahrhunderten in Thätigkeit sind; werden die Umwallungen zu hoch, so reicht die Wärme des Wassers nicht mehr hin, um den für die Eruptionen nothwendigen Dampf zu bilden; der Springquell versiegt, um vielleicht durch die Flanken des Kegels als heiße Quelle hindurchzubrechen. In Californien und auf Neuseeland hat man zahlreiche Geysir gefunden, die mit größerer oder geringerer Regelmäßigkeit das schöne Schauspiel der Eruptionen wiederholen. Aber alle diese Erscheinungen werden übertroffen von jenen im mehrgenannten Nationalpark, wo diese Springquellen neben Schlamm- und heißen Quellen zahllos auftreten. Pyramiden bis zu 7 m Durchmesser und selbst über 70 m Höhe zeigen sich hier oft mehr als 20 Minuten lang; einzelne haben stündlich Eruptionen, andere nach bestimmten, längeren Perioden.

§ 40.

Vulkane.

Die inneren Gewalten der Erde zeigen sich nicht blos in den regelmäßigen Erscheinungen der heißen Quellen und in den periodischen Ergießungen der Geysir, sondern sie geben in weit furchtbarerer Gewalt durch die Vulkane Zeugniß von ihrer nie ruhenden Thätigkeit. Durch die in den Kratern der Vulkane mündenden Kanäle ergießen sich aus dem Erdinnern feurigflüssige Massen, Laven genannt, die Abhänge der Gebirge weithin überfluthend und verwüstend.

Schon die äußere Gestalt eines Berges kennzeichnet denselben als Vulkan; hier sind nicht die Einschnitte durch die Erosion des Wassers gebildet, sondern die Erhabenheiten sind durch die Laven oder durch Hebungen entstanden. Auf der höchsten Spitze und auch an den Seiten finden sich Vertiefungen, Krater, deren Rand meist scharfkantig ist; der Boden derselben besteht aus Lava, welche beim Zurücksinken der flüssigen Masse erstarrt ist; einzelne Spalten, welche durch das Zusammenziehen bei dem Erkalten entstanden sind, ermöglichen einen

Blick in das tief im Innern kochende Gluthmeer. Aus diesen Rissen werden ständig Dämpfe ausgestoßen, bald heftiger, bald weniger heftig; es sind meist sehr heiße schweflichsaure, salzsaure, kohlensaure Gase, bisweilen in Verbindung mit Alkalien; beim Austritte an die Luft schlagen sich alsdann an den Rändern Borax, Schwefel oder Alaun nieder, wenn die Abkühlung der Dünste stark genug ist. Auch in der Nähe von Vulkanen finden sich solche Fumarolen und Solfataren, welche stets auf die unterirdischen Gewalten des Feuers hinweisen. Die großen Schwefellager Siciliens werden durch Sublimation aus solchen Dämpfen entstanden sein; in den italienischen Provinzen südlich des Arno wird Borax niedergeschlagen. Die Insel Volcano erzeugt ständig Schwefel. Erstirbt die vulkanische Thätigkeit, so hören auch jene Fumarolen allmählich auf; die letzten Beweise ihres Lebens sind die Aushauchungen von Kohlensäure; da dieses nicht athembare Gas schwerer ist als die atmosphärische Luft, so lagert es sich auf dem Boden; zahlreiche solche Solfataren in Gegenden, in welchen die eruptive Thätigkeit der Vulkane schon lange aufgehört hat, zeigen die Auvergne und die Eifel. Meist dringt die Kohlensäure erstorbener Vulkane im Wasser zu Tag. Ist der Kraterrand aus Lava gebildet, durch welche Wasser nicht hindurchsickern kann, so werden die Krater der Vulkane, welche nicht mehr thätig sind, bisweilen von Seen ausgefüllt (Eifel, Italien), während in andern die vulkanische Asche und die verwitternde Lava fruchtbaren Ackergrund oder fette Weiden bilden.

Bei einem thätigen Vulkane kündet sich eine neue Eruption durch erhöhte Thätigkeit der Gasaushauchungen an; unter Detonationen und Erschütterungen des Bodens werden heiße Wasserdämpfe ausgestoßen, von den Rändern der Spalten und aus dem glühenden Innern werden Stücke losgerissen, welche wie rothglühende Bomben in großen Bogen emporsteigen, um an den äußeren Kraterwandungen oder in den inneren Feuerherd wieder niederzustürzen; als feine Asche werden die zertrümmerten Umfassungen der Canäle mit dem Wasserdampf emporgeschleudert und wie dieser als Wolken weithin vom Winde fortgetragen, um endlich bisweilen in fernen Gegenden erst zur Erde niederzufallen; die Asche des Vesuv hat man bei Tarent gefunden, Barbadoes wurde 1812 von der Asche des Vulkans Mt. Garou auf St. Vincent überschüttet, von dem Tomborru auf Sumbawa fand man Asche in noch weit größeren Entfernungen. Alle diese Erscheinungen des Ausstoßens von Gasen sind häufig mit electrischen Entladungen verbunden; prächtig ist in der Nacht der Anblick der von der inneren Gluth beleuchteten Garben des aufsteigenden Rauchs und Dampfes, welche von zahlreichen Blitzen durchzuckt werden.

Wird die Gewalt der ausgestoßenen Dämpfe noch stärker, so zertrümmert sie den ganzen innern Krater, dessen Stücke und Asche über den Rand hinweggeschleudert werden; weite Gefilde werden hierbei oft mehrere Meter hoch überschüttet (Pompeji, Stabiae); an den Wandungen des Berges bilden sich blasenförmige Erhebungen und neue Spalten öffnen sich, aus denen die versengenden Dämpfe hervorbrechen. Die Lava, welche bei einzelnen Vulkanen (Stromboli, Kilauea auf Hawaii) einen steten feurigen See in den offnen Kratern bildet, steigt in den Kanälen empor und fließt über den Rand des alten Kraters oder aus einer neugebildeten Spalte. Wie ein feuriger Fluß wälzt sich die teigartige Masse über die Abhänge des Berges, alles versengend und verbrennend. Die äußere Hülle erstarrt zuerst, während das Innere noch lange in Gluth*) bleibt. Die feurige Masse durchbricht bisweilen die erstarrte Umhüllung, um sich aufs Neue vorwärts zu wälzen. Die Lavaströme nehmen oft mehrere Meilen Länge und eine entsprechende Breite ein, Wälder, Dörfer und Städte, die auf dem Wege liegen, zerstören sie gänzlich, die Felder verwüsten, das Wasser verdampfen sie; als einst die Lava des Aetna in ihrem Flusse eine noch mit Wasser gefüllte Cisterne übergoß, bildete sich durch die Dämpfe eine große Blase an der Stirne des feurigen Stromes; dieselbe

---

*) An isländischen Vulkanen hat man die Lava im Innern noch nach 100 Jahren in flüssigem Zustande gefunden.

explodirte und schleuderte Stücke der Lava weitumher; etwa 70 Menschen wurden von diesen erschlagen.

Die Laven, welche bei verschiedenen Eruptionen aus dem Krater eines Vulkans fließen, sind nie vollständig gleich, noch weniger aber stimmen jene der verschiedenen, selbst nahegelegenen Vulkane in ihrer Zusammensetzung und Structur überein, ein Beweis dafür, daß die Laven jedes Vulkans aus einem ihm eigenthümlichen Herde hervorquellen; alle aber bestehen bei ihrem Hervorbrechen aus einer zähen, teigartig-flüssigen feurigen Masse, vermengt mit festen Gesteinen — für deren Schmelzung also die Temperatur noch nicht hoch genug ist — und mit Dämpfen. Letztere werden durch ihre Expansivkraft wesentlich zu der Bewegung beitragen, sie bilden die Höhlungen in den Laven, verursachen die kleinen, häufig explodirenden Blasen. Erstarrt zeigt die Lava je nach ihrer Zusammensetzung das verschiedenartigste Aussehn; bald erscheint sie heller, grau, gelblich, enthält viel Feldspath (Trachyt), bald ist sie dunkler gefärbt, schließt zahlreiche Eisen-, Augit- und Hornblendekrystalle ein (Basalt) selbst schwarz ist sie bisweilen (Obsidian); harzartig erscheint der Pechstein, andere Laven wieder sind glasartig oder gleichen Schlacken.

Neben den geschilderten Erscheinungen, bei welchen feurig-flüssige Massen, Dämpfe und Gase hauptsächlich auftreten, sind die Ausbrüche von Schlamm- und Wassermassen von hoher Bedeutung namentlich auch wegen der Erklärung der vulkanischen Erscheinungen überhaupt. Durch die plötzliche Verdichtung der ausgehauchten Wasserdämpfe, durch das plötzliche Schmelzen der Schneefelder und Gletscher, wenn der Vulkan in die Region des ewigen Schnees hineinragt, können furchtbare Wasserfluthen entstehen, welche durch die Geschwindigkeit ihrer Verbreitung über manche Gegenden grauenhafte Verwüstungen bringen; solchen Wassermassen vermag nichts zu widerstehen; die Isländer fürchten diese Schlammlauinen noch mehr, als selbst die Eruptionen der Lava, sie zeigen 3 weit in das Meer (von 75^{m} Tiefe) hineinragende Landzungen, welche von den vulkanischen Wasserfluthen 1766 gebildet wurden; der Miyi-Yama auf Kiu-siu spie 1793 solche Wasser- und Schlammmengen aus, daß die Ebenen weithin überschwemmt wurden und über 50000 Menschen den Tod fanden. Andere Fluthen haben ihren Ursprung in dem Zersprengen der Flanken der Berge und dem hierdurch herbeigeführten Oeffnen der inneren Wasseradern und Seen; so führen namentlich die Schlammströme des Cotopaxi und des Imbambura große Mengen von Fischen und Wasserpflanzen mit sich. Der Vulkan Agua wirft aus seinem Krater nur noch furchtbare Schlammmassen heraus, welche die Stadt Altguatemala mehrmal zerstörten und deren Bewohner zu einer neuen entfernteren Ansiedlung zwangen. Der Vulkan Papandayang (Java) barst 1792, zertrümmerte seinen Gipfel gänzlich und verschüttete mit seiner Asche an 40 Dörfer; aus einer Höhe von 2200 m stürzt seit jener Zeit ein Bach heißen schlammigen Wassers, alle Vertiefungen auf der Berghöhe sind mit solchem angefüllt und aus den Spalten gurgelt und pfeift stets Wasserdampf hervor.

§ 41.
Erklärung der vulkanischen Erscheinungen. Verbreitung der Vulkane auf der Erde.

Im vorletzten Abschnitte bereits wurde darauf hingewiesen, daß man der Erde eine eigne, innere Wärme zuschreiben müsse, die nicht ihren Ursprung äußeren kosmischen Bedingungen verdankt. Einen weiteren directen Beweis für die Annahme einer eignen Erdwärme finden wir in der Thatsache, daß die Sonne und alle für uns sichtbaren Fixsterne sich in glühendem, flüssigen oder selbst dunstartigem Zustande befinden; selbst Jupiter zeigt durch sein Licht, daß er noch in einem teigartigen, auf der Oberfläche der Erstarrung nahen Zustande sich befindet. Der Weltraum hat eine sehr niedere Temperatur (große Kälte), daher kühlen sich alle Weltkörper stark ab; in Folge dieser Temperaturunterschiede bilden sich auf der Sonnenoberfläche die — in der Physik zu betrachtenden — Flecken und Fackeln. Wir müssen daher annehmen, daß alle Weltkörper sich einst in feurig-flüssigem, sehr verdünntem Zustande befunden haben;

durch die Abkühlung haben die meisten Planeten bereits soweit ihre eigene Wärme verloren, daß nur noch wenige Stoffe auf der Oberfläche in gas- oder in flüssigem Zustande sich befinden, die meisten vielmehr vollständig fest sind. Bei der Erde ist die äußere, dichte, harte Schicht bereits bis zu einer bedeutenderen Tiefe hinab fortgeschritten, während der innerste Erdkern sich in vollständig flüssigem Zustande befindet. Da nun die verschiedenen Stoffe bei sehr verschiedenen Temperaturen erstarren, so würden zwischen der ganz starren äußeren Rinde und dem völlig flüssigen Kerne Schichten sein, in welchen einzelne Theile bereits erstarrt, andere breiartig und noch andere leicht flüssig sind und zwar werden in den der Oberfläche zunächst liegenden Schichten die festen Bestandtheile das Uebergewicht haben, sie werden flüssige Stoffe umschließen und letztere werden durch einzelne Canäle miteinander in Verbindung stehen. Oeffnen sich nun, durch Zusammensturz von Wandungen oder durch Auswaschungen, Wasseradern in einen solchen Feuerherd, so muß, da das Wasser bis in die Umgebung des letztern allmählich eingesunken, also bereits stark erwärmt ist, das Wasser plötzlich in Dampf von furchtbar hohem Drucke übergehen; durch die Erschütterungen, welche diesen Uebergang begleiten, werden die verhältnißmäßig engen Kanäle leicht durch Verschüttungen verstopft werden, die feurig-flüssige Lava und der Dampf, welche gemeinsam den Raum ausfüllen, suchen einen Ausgang und werden an der Stelle hervorbrechen, an welcher ihnen die Erdrinde den geringsten Widerstand bietet. Ist noch kein Krater, aus welchem Lava und Dämpfe entweichen können, vorhanden, so wird zunächst eine blasenförmige Erhebung des Bodens und Durchbrechung desselben erfolgen; es wird sich also ein Vulkan mit Krateröffnung bilden. Daß solche Neuformationen von feuerspeienden Bergen vorkommen, ist schon mehrfach beobachtet worden; 1759 am 29. September erhob sich aus der Hochfläche von Michoacan (Anahuac, westlich von Mexico) der Berg Jorullo zu einer bald erreichten Höhe von 600 ^{m} über die Hochebene und zeigt sich seit jener Zeit als thätiger Vulkan; der Vulkan Fusi-Yama westlich von Tokio,

(Japan), über 4000 m hoch, soll ebenfalls erst in historischer Zeit entstanden sein; in den Gewässern Siciliens und der Cykladen erhoben sich bereits mehrfach Krater über den Spiegel des Meeres, um nach den Ausbrüchen wieder zurückzusinken. Auf diese ersten, verhältnißmäßig wol unbedeutenden Erhebungen werden durch Aufhäufungen von Asche und Lava gewaltige Höhen aufgethürmt, jeder neue Ausbruch vergrößert den Umfang und die Höhe des Berges, so daß thätige Vulkane (wie der Aconcagua) zu den höchsten Erhebungen der Erde zählen.

Weitere Beweise dafür, daß die Erklärung der vulkanischen Eruptionen durch das Eindringen von Wasser in die oberen Herde feuriger Erdmassen richtig ist, zeigen mehrere zum Theil bereits erwähnte Umstände. Jeder Ausbruch ist begleitet von dem Ausströmen ungemein großer Wasserdampfmengen; nach einer Schätzung von Fouqué betrug die als Dampf vom Aetna bei seinem Ausbruche 1865 ausgehauchte Wassermenge über 2000000 Kubikmeter. Die verschiedenen Gase, welche aus den Spalten der Vulkane herausquellen, sind, wie die chemische Zusammensetzung ausweist, die Produkte der Zersetzung des Meerwassers. Die Lava enthält im flüssigen Zustande Wasserdampf, dies zeigen die Blasen; erstarrte Lava enthält selbst im Innern noch bis 18 Tausendtheile Wasser. Die furchtbaren Explosionen, welche plötzlich erfolgen, wenn der Krater ganz geschlossen ist, und welche ganze Berge zertrümmern, werden nur durch die Wasserdampfbildung von sehr hohem Drucke veranlaßt. Beim Vesuv zertrümmerte im Jahre 79 die Explosion die ganze dem Meere zugewandte Seite des Berges und verschüttete weithin mit der Asche die Gegend. 1815 explodirte der Kegel des Tomborru; in einer Entfernung von 500 Kilometer ward die Sonne von den Aschenwolken verdunkelt, so daß der Tag sich in die dunkelste Nacht verwandelte; die niederfallenden Trümmer breiteten sich auf einen Raum aus, der größer war als das deutsche Reich, das Meer war meterhoch mit Bimsstein bedeckt, über 100000 Menschen verloren bei dieser Katastrophe das Leben Der niedere Vulkan Cosiguina am südlichen Eingange in die

Fonsecabei verlor ebenso seinen Gipfel durch eine furchtbare Explosion, deren Schall von Santa Fé de Bogota bis über Mexico hinaus gehört wurde; in einem Umkreise von mehr als 40 Kilometer Durchmesser wurde die ganze Umgebung 5 m hoch von Asche bedeckt; so groß war deren Menge, daß von ihr im Meere zwei neue Inseln gebildet wurden und die Küste an einer Stelle um 240 m in das Meer hinaus wuchs; noch auf Jamaica beobachtete man den Aschenregen. In ähnlicher Weise haben der Unsen auf Kiu-siu, der Mount Baker und mehrere andre Vulkane solch furchtbare Explosionen erlebt.

Auch die Thatsache, daß fast alle thätigen Vulkane in der Nähe des Meeres oder großer wasserreicher Seen liegen, daß dieselben, wenn sie durch Landbildungen in das Innere des Landes rücken, ersterben (wie die erloschenen Vulkane der Eifel zeigen, deren Eruptionen erfolgten, als die niederrheinische Ebene noch vom Meere bedeckt war), weist darauf hin, daß zur Erzeugung vulkanischer Erscheinungen Wasser nothwendig ist.

In Europa sind in drei Gegenden thätige Vulkane; auf Island zählt man derselben 20, unter denen der Hekla der bekannteste, der Skaptar-Jökul und der Kötlugja die bedeutendsten sind. In Italien ist die ganze westliche Hälfte vom Arno bis über Sicilien hinaus vulkanischer Natur; in den Maremmen des Arno zeigen dies die zahlreichen Solfataren; im Gebiete des Tiber die heißen Quellen; südlicher liegen die thätigen Vulkane Vesuv, Monte Nuovo, Stromboli, Volcano, Aetna. Die dritte Gruppe sind die südlichen Cykladen (Santorin, Kaïmeni), deren zahlreiche Krater zum Theil unter dem Meere liegen. Auf der Grenze zwischen Europa und Asien, an den beiden Endpunkten des Kaukasus befinden sich Schlammvulkane, auf der Halbinsel Abscheron Naphtaquellen (das ewige Feuer von Baku). Am interessantesten ist die Anordnung der Vulkane um den großen Ocean. Auf Neuseeland beginnt die Kette der Vulkane; auf der nördlichen Insel sind dieselben äußerst zahlreich; nach Nordwesten wendet sich der Zug, fast alle melanesischen Inselgruppen (die neuen Hebriden, Santa Cruz, Salomonsinsel, Neu-Ireland) und Neu-Guinea besitzen Vulkane. Am Westende der letztgenannten Insel theilt sich die Kette; der südliche Zug wendet sich rein westlich über die kleinen Sundainseln (hier liegt der Tomborru, wol der fürchterlichste Vulkan der Erde), Java, macht auf Sumatra einen Bogen nach Norden über die Nicobaren und Andamanen und erstirbt an der Küste von Aracan. Der nördliche Zug richtet sich gegen Norden, streicht über die Molukken (auf Borneo befinden sich ebenfalls einige thätige Vulkane), Philippinen, Formosa, den Lieu-Kieu Archipel, die sämmtlichen japanischen Inseln (außer Sakhalin), die Kurilen und Kamtschatka; von da wendet sich die Kette nach Osten und betritt über die Aleuten den amerikanischen Kontinent; hier begleitet sie die Küste bis hinab nach Feuerland; die bedeutendsten Centren sind das Gebiet von Oregon und Californien, das Plateau von Anahuac (Pic von Orizaba, Popocatepetl), Centralamerika, welches fast nur aus Vulkanen besteht, das Plateau von Quito, das des Titicacasees und die chilenische Kette. Mitten in dem großen Oceane, der so von einem feurigen Gürtel umschlossen ist, erheben sich die furchtbaren Vulkane der Sandwichinseln, im Süden einige in der Gruppe der Tonga-Inseln sowie in den Marianen. Außer der genannten großen Kette erscheinen die Vulkane noch an einzelnen andern Stellen der Erde in minder großen Complexen; so verdanken die kleinen Antillen fast alle ihre Existenz den unterirdischen Gewalten und viele derselben (Guadeloupe, St. Vincent, Martinique und andere) werden noch heute von Eruptionen häufig verwüstet. In Afrika liegen die Vulkane zerstreut auf den Canarischen Inseln (Teneriffa), im Innern des Busens von Guinea (Fernando da Po), St. Paul, Isle de France, Comoren, die ostafrikanischen Schneeberge (Kenia) und Abyssinien. Der Domavend im Elburzgebirge liegt an der Südküste des kaspischen Meeres, in der Straße von Ormuz an der Küste von Beludschistan liegen einzelne Vulkane, ebenso auf dem Südpolarlande (Mt. Erebus); am Fuße des Ararat fand 1840 eine Eruption statt. Im Innern von Asien, in der Mongolei und am Thian-Schan sollen Vulkane vorkommen (Ujun-Holdongi, Bo-Schan, Ho-Tscheu), doch ist über dieselben nichts Genaues bekannt; diese würden weit ab von dem Oceane, zum Theil aber nahe dem früheren, jetzt verschwundenen Mittelmeere Asiens liegen, das östlich des Ural sich von dem Obibusen bis südlich des Aralsees erstreckte und dessen Reste wir in den großen Binnenseen noch heute finden. Die Gesammtzahl der thätigen Vulkane ist nicht bekannt, doch darf man sie auf über 300 schätzen.

§ 42.

Erdbeben.

Die meisten vulkanischen Eruptionen, namentlich aber alle plötzlichen, Explosionen gleichenden Ausströmungen von Gas sind mit Erschütterungen des Berges und seiner ganzen Umgebung verknüpft; wenn solche Kräfte wirken, welche einen Bergkegel, wie den Krater des Tomborru, der dreimal den Cubikinhalt des Mt. Blanc umfaßte, emporheben und zermalmen, wenn während der sogenannten Ruhe durch Stoß im Innern centnerschwere Lavastücke bis zu einer Höhe von mehreren Tausend Metern emporgeschleudert werden, so müssen die wirkenden Kräfte so groß sein, daß sie mit menschlichem Maaße nicht mehr gemessen werden können. Der Druck der erzeugten Gase muß nun nicht blos auf die feurig-flüssige Lava wirken, sondern auch auf die Wandungen aus festem Gesteine und letztere werden hierdurch erschüttert, in schwingende Bewegung versetzt; auch durch das Anschlagen der siedenden Lava an die einschließenden Wände werden in diesen Vibrationen erzeugt, die sich gleich schwachen Wellen durch die Erde fortsetzen.

Außer von diesen direct durch die Vulkane selbst verursachten Erschütterungen wird die feste Erdrinde noch von sehr zahlreichen andern Bewegungen heimgesucht; man bezeichnet alle diese Erscheinungen, bei welchen eine vibrirende Bewegung der festen Erdmasse sich zeigt, als Erdbeben. Ihre Beobachtung ist eine äußerst schwierige, da man keine Anzeichen für deren Nahen kennt und daher in der Ueberraschung meist die Aufmerksamkeit aller auf den Schutz vor etwaigen Gefahren mehr gerichtet ist als auf die richtige Erfassung der Erscheinungen. Häufig ist dasselbe von unterirdischem Geräusche begleitet, welches bald mit dem Rollen des Donners, bald mit dem Rasseln eines schweren Lastwagens über das Straßenpflaster verglichen wird; doch wird eine solche Detonation nicht immer wahrgenommen. Stets ist aber ein Centrum vorhanden, von welchem aus strahlenförmig sich die Erschütterung des Bodens fortpflanzt. In jenem scheint die Erde vertikale Stöße zu erhalten; in immer größeren Kreisen, wie bei den Wellen, welche ein Stein in einer Wasserfläche erzeugt, setzt sich die Bewegung weiter fort, gleichzeitig an Stärke immer mehr abnehmend. Da der Boden von verschiedener Dichte ist, so kann die Fortpflanzung nicht nach allen Richtungen eine gleich große sein; so verbreiteten sich z. B. die Vibrationen bei dem großen Erdbeben von 1855, dessen Centrum nördlich des Monte Rosa im Vispachthale lag, gegen Nordosten bis über das Fichtelgebirge (auf 600 Kilometer Entfernung), während im Süden jenseits des Appenin nur in Genua, dagegen nicht mehr an der Riviera die Erschütterungen wahrgenommen wurden. Da die leicht bewegliche, stark elastische Luft solche Bewegungen nur schwächer als der feste Boden fortpflanzt, so verbreitet sich das Erdbeben nur schlecht durch Länder, dessen Boden viele Hohlräume aufweist. Daher suchte man bereits im Alterthume Gebäude gegen die Zerstörungen der Erdbeben durch Brunnen, Höhlungen zu schützen; so sollen die Römer das Capitol durch zahlreichere Brunnen gegen die Bodenerschütterungen gesichert haben. Die Städte Puembo und Tumbaco in Ecuador verdanken dem Umstande, daß sie durch tiefe Schluchten von dem übrigen Lande getrennt sind, ihre Erhaltung bei dem großen Erdbeben, welches 1868 alle Städte an der Küste von Quito und Peru zerstörte.

Die Erdbeben, welche ein Land erschüttern, zeigen in den zahlreichsten Fällen immer wieder dieselben Centren, als die Herde der Bewegung; vielfach sind dies Gegenden, in welchen noch heute thätige Vulkane, Fumarolen, Solfataren, heiße Quellen auf eine unterirdische vulkanische Thätigkeit hinweisen. In der Rheinprovinz ist es vornehmlich die vordere vulkanische Eifel und namentlich

Krater des Laacher Sees, von welchem die Erschütterungen ausgehen; Großgerau zwischen Mainz und Darmstadt mitten in der Rheinebene war längere Zeit das Centrum häufiger Erdbeben. In der Schweiz ist es das mittlere Wallis (Vereinigung des Vispach- mit dem Rhonethal), von welchem aus die meisten Erschütterungen sich verbreiten; hier deuten auch die Quellen von Leuck und das Briegerbad auf thätige, innere Kräfte. Die Ostalpen, das Krainer Kalkplateau, Sicilien, vor allem aber Calabrien sind diejenigen Gegenden Europas, welche am häufigsten von Erdbeben heimgesucht werden. In den übrigen Welttheilen bilden vor Allem die von dem großen Ocean bespülten Küstenländer, durch welche die große Kette der Vulkane zieht, den Schauplatz häufiger und heftiger Erdbeben.

Von der Stärke des Stoßes im Centrum hängt natürlicher Weise auch die Größe der Verbreitung ab. Schwaches Zittern ist nur auf geringe Entfernungen noch bemerkbar, die heftigen Erdbeben in Central- und Südamerika haben häufig auf mehrere hundert Meilen das Land erschüttert, das Erdbeben von Lissabon hat allein in Europa die ganze iberische Halbinsel und Südwest-Frankreich in Mitleidenschaft gezogen.

Schwache Stöße und Wellen, welche kaum die zu ihrer Beobachtung aufgestellten Seismometer bewegen, zeigen auf der Oberfläche der Erde fast gar keine Wirkung; nur scheint nach Beobachtungen, die man namentlich an dem artesischen Brunnen in Passy (Paris) angestellt hat, mit jeder noch so leichten Erderschütterung eine Vergrößerung des Gehaltes des Wassers an festen Bestandtheilen verknüpft zu sein. Heftige Stöße müssen die Erdoberfläche auch stark beeinflussen; Quellen versiegen oder ändern ihre Wassermengen und ihre Temperatur, neue Quellen sprudeln hervor; es bilden sich Spalten von bedeutender Länge (bis zu 70 Kilometer), Breite und Tiefe in der Erde, in denen große Strecken Landes mit allem, was darauf steht, Häusern, Bäumen u. s. f., verschwinden; aus solchen Spalten dringen Wasser- und Schlammmassen, welche Alles zerstörend die Bergabhänge hinabstürzen; aus dem Berge Cachimbiro drang aus einem

Risse bei dem großen Erdbeben von Quito im Jahre 1868 ein solcher Strom, welcher mehrere hundert Meter breit war und weithin das Land verwüstete; an andern Stellen sollen brennende Gase aus solchen Spalten hervorgedrungen sein. Die sternförmigen Risse in den Ebenen, welche man namentlich bei den furchtbaren Erdbeben von Calabrien (1783) und dem von Chile (1835) beobachtete, weisen deutlich auf den gewaltigen Stoß hin, welchen die Erde hier von unten empfing. Durch solche Risse verlieren hangende Felsmassen das Gleichgewicht und stürzen zusammen; ganze Seiten von Bergen überschütten die Ebenen mit ihren Trümmern, Strecken Landes werden verschoben. Auch das Niveau der Erdoberfläche verändert sich; große Strecken sinken, andere heben sich; so senkte sich 1819 bei einem Erdbeben die ganze Gegend, welche im Indusdelta jetzt den großen Runn bildet, während sich weiter westlich quer durch die alte Indusmündung ein Hügel von mehr denn 3 m Höhe auf eine Länge von fast 30 Kilometer und von mehreren Kilometer Breite bildete. Die Küsten Neuseelands an der Cook-Straße hoben sich 1855 bei einem Erdbeben auf große Strecken, an einer Stelle um 4 m, während an einer andern Stelle sich ein Spalt von 65 km Länge bildete und das ganze Thal eines kleineren Flusses sank.

Die Zerstörungen sind jedoch für den Menschen am bedeutendsten an dessen Wohngebäuden. Bei schwachen Stößen ist ein Klirren der Gläser, eine Bewegung der Bilder bemerkbar, bei stärkeren stürzen baufällige Kamine ein, Spiegel fallen von der Wand, bei den heftigen Erdbeben aber stürzen, oft schon bei einem Stoße, ganze Städte zusammen und begraben unter ihren Trümmern die Bewohner. Das furchtbare Erdbeben von Lissabon zerstörte nicht blos die genannte Stadt, sondern noch eine Reihe kleinerer Orte, in Oporto stürzten noch ganze Stadttheile zusammen, die Mauern von Cadix fielen in die Gräben und die meisten Städte in Marocco verwandelten sich in Schutthaufen. Namentlich sind hohe Gebäude leicht der Zerstörung ausgesetzt. Daher baut man in Centralamerika, wo die Erdbeben so häufig sind, nur niedere Häuser. Die Zahl der durch solche Katastrophen um das Leben gekommenen Menschen beträgt oft hunderttausende; in Antiochien und den benachbarten Orten fanden (526) bei einem Erdbeben in der Zeit von 1 Minute 200000 Menschen den Tod.

Merkwürdig sind die furchtbaren Fluthwellen, welche sich bisweilen bei jenen Erderschütterungen zeigen, welche Küstenländer heimsuchen. An der Küste von Peru bei Arica zog sich bei dem Erdstoße das Meer zurück, um gleich darauf als eine furchtbare, fast 20 m hohe Fluthwelle zurückzukehren; was von den Undulationen der Erde verschont geblieben war, zog das Meer mit seinen Armen hinab in den feuchten Schoß. Schiffe wurden hoch auf das Land geworfen und zertrümmert. Diese Welle pflanzte sich fast die ganze Küste Amerikas entlang und quer durch den Stillen Ocean bis nach Neuseeland und den asiatischen Inseln fort. Beim Erdbeben von Lissabon zeigte sich die Fluthwelle in der Mündung der Elbe und hob an den kleinen Antillen das Meer noch um 5 bis 6 m.

Die Kräfte, welche so große und für den Menschen bisweilen so verhängnißvolle Katastrophen herbeiführen, entziehen sich der directen Beobachtung. In den vulkanischen Gegenden sind zweifellos die Ursachen, welche die Erdbeben veranlassen, dieselben wie diejenigen der Eruptionen; ob hierbei nicht vielleicht auch chemische Kräfte mitwirken und Gase von hohem Drucke erzeugen, durch deren Stoß gleichwie von dem des Wasserdampfes die Erdrinde zum Zittern gebracht wird, ist unbekannt. In Gegenden, in welchen weder die Natur der Gesteine noch die Quellen von irgend einer noch vorhandenen vulkanischen Thätigkeit Zeugniß ablegen, namentlich in den höhlenreichen Kalkgebirgen, sucht man die Ursachen der Erschütterungen im Zusammensturze innerer großer Hohlräume; daß solche durch Auswaschungen entstehen können, haben wir in einem früheren Abschnitte gezeigt; daß in ihnen nach dem Ausflusse des Wassers (also nicht unter dem Meeresspiegel) von der Decke große Massen, welche den Halt verloren haben, sich loslösen, dadurch also die obere Wandung erleichtern und so in Schwingungen versetzen können, und daß diese losgelösten Massen beim

Aufschlagen ein stärkeres Erdbeben erzeugen können, ist unzweifelhaft. Welche von den beiden erörterten Ursachen im einzelnen Falle das Erdbeben herbeiführt, ist mit Gewißheit nicht zu sagen; ob auch ein vermutheter Zusammenhang zwischen diesen Erscheinungen und andern — astronomischen oder physikalischen — besteht, muß erst durch genaue, zahlreiche Beobachtungen festgestellt werden.

§ 43.

Die säcularen Erhebungen und Senkungen.

Neben den betrachteten Veränderungen auf der Erdoberfläche durch die Gewässer — Erosion von Thälern, Neubildungen von Festland — und durch die Vulkane und Erdbeben hat man noch zahlreiche Beweise dafür, daß ganze Länder in steter hebender oder sich senkender Bewegung begriffen sind. Das Vorhandensein von Schichten, welche (wie z. B. die Kreide) nur von den Resten kleiner im Meere lebender Thiere zusammengesetzt sind und welche mitten im Lande jetzt in bedeutender Höhe über dem Niveau des Meeres gefunden werden, zeigt, daß ganze Länder einst den Boden der See bildeten; umgekehrt zeigt der Bernstein, ein von bestimmten Fichten ausgeschwitztes Harz, welches mitsammt den Wäldern jetzt unter dem Meere begraben liegt, daß über frühere Festländer nunmehr die Wogen des Oceans hinweggehn. Die Trümmer des Serapistempels bei Puzzuoli, der unter Marc Aurel noch einer Reparatur unterzogen wurde, also damals jedenfalls an dem Ufer über dem Meere lag, zeigen an den Säulen bis zu einer bestimmten Höhe die Gänge der im Mittelmeere lebenden Bohrmuschel; da sie jetzt auf dem Festlande liegen, so müssen sie mit dem Uferlande einst unter die See gesunken und später wieder emporgestiegen sein.

Die Feststellung dieser Hebungen und Senkungen, welche äußerst gering sind und meist erst nach Jahrhunderten für die menschlichen Sinne bemerkbare Resultate geben, ist äußerst schwer; Celsius, welcher zuerst durch genaue Messungen über die Veränderlichkeit der Küsten des nördlichen Schwedens genaue Zahlen feststellte, glaubte an ein

Zurückweichen des Meeres; jetzt wissen wir aber, daß gleichzeitig mit der Hinausrückung der Küsten des bottnischen Busens in die See ein Zurückweichen der preußischen Küsten an der Ostsee statt hat, was unmöglich wäre, wenn das genannte Binnenmeer sich verkleinerte. Das nördliche Skandinavien hebt sich im Jahrhunderte um etwa 1,11 ^{m}, wie überhaupt die ganze Halbinsel in stetem Aufsteigen begriffen ist; dasselbe ist mit Nordjütland der Fall, während umgekehrt die gesammten deutschen Küsten in langsamem Sinken sich befinden.

Ebenso wie an den genannten Küsten beobachtet man bei fast allen Ländern ein allmähliches Steigen oder ein Fallen, am bedeutendsten scheint Chile sich zu heben (aber mehr stoßweise); so hat Valparaiso sich in 17 Jahren um 3,20 ^{m} gehoben und die Thalbildungen zeigen, daß die Kette der Anden noch stärker steigt; in Peru sind Erosionsthäler umgedreht, das Ende derselben ist so stark gehoben, daß das Wasser nach anderer Richtung zu fließen gezwungen wird. Die deutlichsten Zeichen der ewigen Beweglichkeit des Festlandes geben die kleinen Inseln Polynesiens und des indischen Archipels. Wie der Bau dieser Koralleninseln den Beweis für das Steigen und Fallen des Meeresgrundes ist, werden wir im letzten Abschnitte erörtern. Zahlreiche kleinere Inseln sind in diesen Gebieten verschwunden, während die vulkanischen Gruppen der Sandwichinseln, des Lieu-Kieu Archipels, der Philippinen und der Sundainseln sich heben.

Worin der Grund dieser säcularen Bewegungen der Erdrinde zu suchen, ist noch nicht fest bestimmt; sind es langsam wirkende vulkanische Kräfte oder sind es die durch das Eindringen von Wasser in tiefer liegende Schichten bewirkten Aendrungen in der Struktur der Gesteine (Bildung von Krystallen), ist es nur das Anfüllen der feinsten Kanäle mit Wasser (Capillarwirkungen) oder sind es chemische Vorgänge, welche diese Undulationen bewirken, dies alles weiß man bis jetzt noch nicht.

Die organische Natur.

§ 44.

Die Pflanzenwelt.

Bis jetzt wurden die augenblickliche Gestaltung der Erde und diejenigen Veränderungen betrachtet, welche von den Kräften der eigenen und der kosmischen Wärme und der Schwere hervorgebracht werden; es erübrigt nun noch die Organismen und deren wechselseitige Beziehung mit der Erde ins Auge zu fassen.

Die Flora eines Landes ist in allen ihren Lebensbedingungen von der physischen Beschaffenheit desselben abhängig; das Klima, die absolute Feuchtigkeit, deren Vertheilung auf die einzelnen Jahreszeiten, die mittlere Jahreswärme, die Temperatur-Differenzen, der Boden, dessen Zusammensetzung, die Lage des Ortes, die Häufigkeit der Winde, Alles dies hat auf die Entwicklung der Pflanzen den höchsten Einfluß. Die Pflanzengeographie lehrt die Abhängigkeit der einzelnen Arten von der Beschaffenheit des Landes näher kennen, sie bleibt daher hier unerörtert; nur auf einige Thatsachen müssen wir hinweisen. Im Allgemeinen ist eine feuchte, warme Temperatur der Entwicklung der Pflanzenwelt förderlich, während bei einer unter dem Gefrierpunkte des Wassers liegenden Temperatur die Entwicklung von Pflanzen aufhört; zahlreiche Arten ertragen überhaupt keine niedere Temperatur, während andere während des Frostes gleichsam einen Winterschlaf halten. Die Zahl der Arten nimmt bei den Dicotylen von den warmen Ländern gegen die Pole immer mehr ab, während die der Monocotylen und mehr noch die der Acotylen gegen die kalten Zonen hin zunimmt. Dadurch wird der Eindruck der Flora mit den höheren Breiten meist einförmiger; indem dabei jede Art geselliger, in größerer Zahl in den kälteren Zonen auftritt, wird die Eintönigkeit nur noch erhöht. Strecken, welche wie in den französischen Bezirken, in

Hannover mehrere Quadratmeilen weit von einer krautartigen Pflanze — Heide — oder von einem Moose überzogen sind, kennt man in den Tropenländern nicht. In ihnen überwiegt das Leben, die Abwechslung; Einförmigkeit bieten hier nur die vegetationsleeren Wüsten dar. Merkwürdig ist der Umstand, daß auf den polynesischen Inseln die Zahl der Pflanzenarten, welche meist auch auf den hinterindischen Inseln auftreten, gegen Osten stark abnimmt; ein Beweis dafür, daß diese „Milchstraße von Inseln" nicht die Trümmer eines untergegangenen großen Continentes sind, und daß hier die Verbreitung der Gewächse von Westen gegen Osten fortschreitet.

Durch die Veränderungen, welche die Erdoberfläche stetig erleidet, muß auch die Pflanzenwelt in einer steten Veränderung begriffen sein. Hierfür finden wir zahlreiche Beweise. Die Steppenpflanzen Südrußlands, welche zu ihrem Gedeihen im Sommer intensiver Hitze bedürfen, im Winter aber auch große Kälte vertragen können, verbreiten sich immer weiter gegen Westen. Durch die Hebung einzelner Länderbezirke werden Wälder in Höhen gehoben, in denen keine Bäume mehr fortkommen, und kahl ragen verwitterte Baumstämme noch auf Bergen in die Luft, auf deren Höhen jetzt kein Baum mehr zu grünen vermag. Die aus Pflanzenresten gebildeten Steinkohlen und Braunkohlen findet man in arktischen Regionen, in denen die Erde von Eis und Schnee überdeckt ist; auch diese Länder waren also einst von Wäldern und Pflanzen bedeckt, während jetzt umgekehrt fruchtbare Aecker reiche Früchte bringen und herrliche Blüthen, hohe Bäume das Auge des Menschen in Gegenden erfreuen, welche einst unter Eis erstarrt im Tode lagen.

Wird der Charakter eines Landes wesentlich von der Flora, welche seine Berge und Ebenen schmückt, gekennzeichnet, und gibt die letztere ein treues Bild von der physikalischen Beschaffenheit der Umgebung, so übt sie auch auf andrer Seite auf letztere einen sehr bedeutenden Einfluß aus. Glatte Felsen (Granit-, Phonolithwände, Lavafelder) überziehen sich, wenn die klimatischen Verhältnisse günstig sind, mit kleinen Flechten, welche mit ihren Zellen in die feinsten Spalten eindringen, sich festklammern, aus den Poren ihre Nahrung ziehen, die Feuchtigkeit am raschen Abfließen hindern, sie festhalten und damit zur Zerstörung des Felsens durch die Feuchtigkeit beitragen. Durch Verwesung dieser niederstehenden Pflanzen bildet sich die erste dünne Humusschicht, in welcher sich bald Moose ansiedeln; mit ihren zarten Saugfasern zwängen sie sich in die feinsten Risse und Spalten, zerstören durch Druck, Aufsaugen der Flüssigkeit, Festhalten der atmosphärischen Feuchtigkeit die äußere Rinde der Felsen; auf ihrem dichten grünen Teppiche, der den von der Luft mitgeführten Staub auffängt und allmählich eine stärkere Schicht fruchtbaren, feuchten Humusbodens bildet, wurzeln bald nun auch zierliche Monocotylen und Dicotylen (Gramineen, Saxifrageen, Crassulaceen u. s. f.). So werden bald tiefere Spalten mit fruchtbarer Erde ausgefüllt, die kahlen Flächen der Steine verschwinden und machen einem freundlich blickenden Grün Platz, aus welchem bald große Pflanzen, selbst Bäume hervorsprießen, die das Werk der Felszerstörung mit ihren Wurzeln mit mächtiger Kraft fortsetzen; hat ein Baumstamm oder eine Wurzel einmal durch einen Spalt sich hindurchgedrängt, so zersprengen sie oft durch ihr Wachsthum starke Mauern und Felsen. Dieser Zerstörungsproceß schreitet in dem feuchtwarmen Klima der Tropen ungemein rasch vorwärts, nach wenigen Jahren sind die Trümmer zerstörter Städte bereits von Pflanzen und Bäumen ganz überwuchert; in den gemäßigten Zonen bedarf es zur Herstellung einer grünen Decke freilich längerer Zeit, aber auch die härtesten Steine kleiden sich hier nach und nach in saftiges Grün, Weinberge, Wiesen und Wälder lassen nicht vermuthen, daß der Boden, auf dem sie stehen, in einer nicht zu fernen Zeit nur glatter Fels war.

Die Wurzeln der Pflanzen zerstören aber nicht blos, sondern sie erhalten auch den Boden; das dichte Gewirre feiner Fasern, die zahllosen aneinander gereihten Stengel und Blätter umspannen Felsen und feine Bodentheile wie mit einem Netze und schützen sie vor dem Abschwemmen (z. B. die Weidengebüsche an Flußufern). Ausgedehnte Waldungen erhalten daher dem Lande die fette Erdschicht, die vorhandenen organischen Stoffe ziehen die Feuchtigkeit der Luft an; heftige Niederschläge nimmt der Boden auf und gibt in den gleichförmig fließenden Quellen den Wasserreichthum in großer Regelmäßigkeit wieder ab; große Dürre und heftige, zerstörende Ueberschwemmungen werden in gleicher Weise verhindert.

Auch Schichten der Erdrinde werden von der Pflanzenwelt gebildet; in stagnirenden Sümpfen häufen sich die Leichen der Gewächse, aus den vermodernden entspringt neues Leben, um selbst bald ersterbend wieder frischen Pflanzen Platz zu machen. Durch äußere Verhältnisse wird die volle Verwesung und Auflösung der Gewächsfasern verhindert, und so entstehen weite Gebiete von Pflanzenresten: Moore und Torfe. Solche finden wir nicht blos in den niederen Küstengegenden, sondern auch auf der rauhen Alp, auf der schwäbischen Hochfläche und in andern Gebirgen. Ebenso sind Braunkohlen und Steinkohlen aus den Resten längstverschwundener Floren gebildet; durch Anschwemmungen großer Mengen von Bäumen und Pflanzen in dem Delta des Mississippi entstehen noch heute neue Kohlen. In Deutschland kommen die für unsre heutige Cultur so sehr wichtigen Steinkohlenschichten hauptsächlich in Oberschlesien, an der Ruhr und im Gebiete der mittleren Saar vor, während in Sachsen und Posen die ausgedehntesten Braunkohlenlager auftreten. Kein Erdtheil entbehrt der Kohlen, und jedenfalls ist erst ein kleiner Theil der Schichten bekannt.

Ebenso wie die Landpflanzen haben auch die Wasserpflanzen einen nicht zu unterschätzenden Einfluß auf die Erde; an Bächen und kleinen Flüssen sehen wir, wie sie sich in zahllosen Mengen ansiedeln, das Flußbett versperren und die Strömung des Wassers ablenken; noch weiter verbreiten sie sich in dem salzhaltigen Meerwasser; hier bilden die Tange und Algen ganze Wälder, welche die Schiffe in ihrem Laufe hemmen und Meeresströmungen selbst zur Aenderung ihrer Richtung zu zwingen vermögen. Bekannt ist das Varecmeer mit seiner dichten Pflanzenmasse, welches den ganzen vom Aequatorial- und dem Golfstrome eingeschlossenen Theil des atlantischen Oceans einnimmt. Wichtig ist für den Menschen noch besonders die Thätigkeit der Meerespflanzen, aus dem Wasser bestimmte Stoffe auszuscheiden; auf der Verwerthung der Tangreste ruht eine ganze Industrie an den Küsten von Frankreich und England. In wie weit diese Seegewächse etwa zur Bildung besonderer Schichten der Erde beitragen, ist noch nicht bekannt.

§ 45.

Die Thierwelt.

Das Leben der Thiere ist in gleicher Weise wie das der Pflanzen von den physikalischen Verhältnissen der Erdoberfläche abhängig. Wenn auch das Klima nicht in so scharf entscheidender Weise zu den ersten Lebensbedingungen der Thiere gehört, daß ein einmaliges Sinken oder Steigen der Temperatur über eine bestimmte Grenze sofort alle Thiere derselben Gattung tödtet, schon weil das einzelne Individuum sich frei bewegen und Schutz gegen schädliche äußere Einflüsse suchen kann, so ist doch das dauernde Auftreten jeder Gattung wegen der Nahrung und der Lebensweise direct oder indirect von den Formationen, dem Klima eines Landes abhängig. Von den Pflanzen begleitet keine den Menschen durch alle Zonen, von den Thieren nur äußerst wenige. Die Geographie der Thierwelt erörtert die genauern Verhältnisse über das Vorkommen der einzelnen Gattungen, über den Zusammenhang zwischen der physischen Beschaffenheit eines Landes und seiner Fauna.

Uebt letztere auf die Umbildungen des Festlandes keinen großen Einfluß aus — die von Thieren gebauten Höhlen kommen vielleicht außer den Gängen der Kaninchen, welche die schützenden Deiche zerstören und dem Meere seine Arbeit erleichtern, gar nicht in Betracht — so ist dagegen die schaffende Thätigkeit der unscheinbaren, kleinsten Weichthiere eine ganz außerordentliche. Aus dem Seewasser scheiden sie durch eigne Kraft kohlensauren Kalk und andere Stoffe aus, welche die äußeren schützenden Gehäuse bilden; nach dem Tode des lebenden Wesens sinkt diese Schale nieder und auf diese Weise bilden sich große ausgedehnte Schichten. Die Kreidefelsen von England, Nordfrankreich, der Insel Rügen sind auf diese Weise durch kleine Weichthiere gebildet; ebenso sind andere große Formationen der Erde aus den Schalen von Muscheln und Schnecken zusammengesetzt.

Das interessanteste Beispiel von Neubildungen auf der Erde durch Thiere bieten uns die Korallen dar; sie bilden ein baumartiges Geäste, siedeln sich am Meeresgrunde — nie aber unter eine bestimmte Tiefe (40—50 m) hinabgehend — an und bauen ihren vielverzweigten Stamm bis zur Oberfläche; kommen sie durch Sinken oder Heben des Meeresbodens unter die Tiefengrenze oder über den Spiegel der See, so sterben die einzelnen Korallenthierchen ab, aber der ganze Bau bleibt bestehen und erweitert sich stetig durch Neubildungen. In den warmen Ländern umgürten diese Weichthiere die Küsten in bestimmten durch die Tiefe des Meeres bedingten Entfernungen und bilden so die der Schifffahrt so gefährlichen Riffe, deren Dasein nur die stets brandenden Wogen zeigen. Zwischen diesen Barrièren und dem Lande liegt die ruhige See, in denen die Schiffe vor jeder Welle sicher ankern können; nur einzelne von den Wogen gewaltsam durch die Riffe gerissene Canäle führen in das Innere hinein. An den breiten und festen Wänden der Korallen bricht sich die Macht der Meereswellen, die Küsten sind dem zersetzenden Einflusse der See entzogen. Nirgends in den Tropen, wo die Korallenbauten das Land umgürten, zeigt dieses Fjorde oder ausgewaschene Golfe. Die Torresstraße wird immer mehr und mehr von jenen mikroskopischen Thierchen versperrt, der Canal für die Schiffe wird immer enger und der Aequatorialstrom, welcher jetzt noch zum Theil durch die Torresstraße hindurchgeht, wird bald durch die Korallenriffe seinen Weg versperrt finden und sich eine andere Bahn suchen müssen. Die stets neu sich ergänzenden Bänke der Bahamainseln lassen — in Vereinigung mit dem von Südost kommenden Arme des Aequatorialstromes — den Golfstrom nicht nach Osten sich wenden, sondern zwingen ihn zwischen Florida und den genannten Inseln hindurch nach Norden abzubiegen.

Die ewig brandenden Wogen brechen von den Korallenbauten vorstehende Aeste ab und werfen dieselben auf die Oberfläche der Riffe nieder; ebenso werden mitgeführte Sandkörner, Treibholz abgelagert; so wächst denn die Bank über den Meeresspiegel hinaus, es entsteht eine Insel, welche sich durch Verwitterung der darauf abgelagerten Korallenäste u. s. f. mit einer dünnen Humusschicht bedeckt. Angetriebenes Holz bringt Würmer mit, welche den Boden durchwühlen; Samenkörner, durch wandernde Vögel oder durch die Meerestrift hierher gebracht, entwickeln sich und bald bedeckt sich auf diese Weise die neue Insel mit saftigem Grün; der Pflanzenarten müssen dabei natürlich nur wenige sein; eine Kokosnuß wird angeschwemmt, auf dem Kalkboden gedeiht sie und in wenigen Jahren schmückt ein Wäldchen der prächtigsten Palmen das Eiland; Vögel lassen sich auf ihnen nieder, um hier zu nisten, unter dem Einflusse des Regens bildet sich vielleicht eine Süßwasserquelle, eine Fischerfamilie landet und gründet — von der Kokospalme einen großen Theil der Nahrung und die Kleidung gewinnend — ihre neue Heimat.

So entstehen zahlreiche neue Inseln in den tropischen Meeren, wo kein kalter Polarstrom die Entwicklung der Korallen verhindert. Merkwürdig und für die Kenntniß der Bewegung der Erdoberfläche wichtig sind diese Koralleneilande inmitten des Meeres dort, wo sie kleine Inseln, welche die höchsten Punkte der Erhebung des Seebodens bilden, umgeben. Eine solche aus Laven oder irgend einem Gesteine bestehende Insel ist umzogen von einem Gürtel flacher, aus Kalk bestehender, mit Kokospalmen geschmückter Eilande. Senkt sich der Boden des Meeres allmählich, so verschwindet schließlich die Centralinsel, während der Kranz durch das stete Wachsthum der Madreporen sich erhält und bald als ein einziges größeres bandförmiges Eiland mit innerem salzigen See, bald aufgelöst in einer Reihe erscheint. Diese Bildungen nennt man Atolle. Sinkt der Meeresboden so rasch, daß die fleißigen Weichthierchen nicht beibleiben können, so verschwinden jene unter dem Spiegel der See. Das Entstehen, Wachsen und Versinken solcher Inseln hat man schon mehrfach beobachtet. Die Hauptgruppen dieser interessanten Zeugen des Einflusses der Thiere auf die Gestaltung der Erde sind die Lakkadiven, Malediven und die Archipele Polynesiens (niedrige Inseln, Ralik-, Radak-, Freundschaftsinseln u. s. f.).

§ 46.

Der Mensch.

Der Mensch, das edelste Geschöpf auf der Erde, besitzt fast ganz allein jenes Accomodationsvermögen, in allen Ländern, unter jedem Klima und unter den verschiedensten Bedingungen sein Leben fristen zu können; hierbei kommt ihm sein Geist zu Statten, er weiß sich durch künstliche Hülfsmittel (Kleidung, Wohnung, Heizung, Nahrung u. s. f.) vor den ihn gefährdenden äußeren Umständen zu schützen. Doch beeinflußt ihn die äußere Natur in jeder Beziehung; seine körperlichen Eigenschaften und seine geistige Entwicklung sind abhängig von den Formationen und physikalischen Erscheinungen der einzelnen Länder. Daher hat sich der Mensch in den verschiedenen Zonen und Ländern ganz verschiedenartig entwickelt; seine Anforderungen an das Leben ebenso wie seine Anschauungen sind ganz ungleich, bisweilen entgegengesetzt.

Damit ein planmäßiger, vortheilhafter Einfluß des Menschen auf die Erde und deren Gestaltung stattfinden könne, ist zunächst eine vollständige Kenntniß der Erde und aller wirkenden Kräfte nöthig. Aber trotz der großen Entdeckungsreisen der letzten Jahrhunderte, die aus rein wissenschaftlichem Triebe unter den schwersten Entbehrungen, den härtesten Kämpfen von unerschrockenen Männern unternommen wurden, trotz der zahlreichen Beobachtungen, die mit ameisenartigem Fleiße allerwärts angestellt werden, sind noch ausgedehnte Gebiete gänzlich unbekannt, selbst in den nächsten Ländern, namentlich in den Hochgebirgen, sind noch manche Thäler und Höhen zu erforschen. Von den Gesetzen, welche die Atmosphäre und das Meer in steter Bewegung erhalten, von den Veränderungen der Erdoberfläche ist uns nur wenig bis jetzt bekannt; noch kein Stromsystem ist vollständig in allen seinen Beziehungen erforscht, von den Pflanzen und Thieren kennen wir selbst in der Heimat noch nicht die volle Verbreitung, die Bedingungen ihrer Existenz. Wir befinden uns somit nur noch in ersten Anfängen der Wissenschaft und es bedarf noch Jahrhunderte langer, mühsamer Arbeit, um eine einigermaßen richtige allgemeine Kenntniß unseres Planeten und der Gesetze, welche auf und in ihm herrschen, zu erlangen. Dann erst wird eine größere planmäßige Einwirkung des Menschen auf die Erde möglich sein.

Aber auch jetzt schon hat der sterbliche, schwache Mensch auf die gewaltige Natur einen nicht unerheblichen Einfluß. Der Ackerbau, dieser Grundpfeiler aller menschlichen Cultur, hat weite Länder erobert und damit deren Physiognomie wesentlich verändert; an Stelle wilder Gewächse traten Cerealien, Fruchtbäume und andere nutzbringende Pflanzen. Etwa $^1/_{12}$ — $^1/_{10}$ der gesammten Fläche des Festlandes ist von Menschenhand cultivirt (vielfach freilich noch im Raubbau). Um das Land zu gewinnen, ihm die nothwendigen Produkte allzeit abzugewinnen hat der Mensch mancherlei große, selbst das Klima ganzer Länder ändernde Arbeiten ausgeführt.

Für das Gedeihen der Pflanzen ist eine stärkere oder geringere Feuchtigkeit nöthig, der Boden und die Atmosphäre liefern diese nicht überall und nicht immer in genügender Menge; daher haben schon die alten Kulturvölker Kunstbauten zur Befruchtung der Felder durch Zuleitung von Wasser aus Flüssen und Seen, durch Ansammlung des Hochwassers in großen Bassins, um später die Bewässerungscanäle zu speisen, angelegt; so wurde Mesopotamien in ein reiches, fruchtbares Land umgewandelt, das Nilthal vergalt mit hundertfältiger Frucht die Arbeiten der Bewohner, durch welche der Nil bis zu dem Fuße der umgebenden Berge geleitet wurde; noch heute sind die Wasserbauten der Araber an den Küsten Spaniens die Quelle von deren Fruchtbarkeit; Aegypten würde bald von der umgebenden Wüste verschlungen und in dürre Oede verwandelt sein, wenn jene künstliche Bewässerung aufhörte; die reizenden Huertas Spaniens würden in kurzer Zeit nach dem gänzlichen Verfalle der Canäle den traurigen Anblick bieten, den man jetzt schon im Innern der Halbinsel wahrnimmt. Die großartigen Bauten der Chinesen, welche jedes kleinste Plätzchen ihres reichen Tieflandes für Reis-, Thee- und Gemüsebau verwerthen, erwecken die allgemeinste Bewunderung; die Erbohrung artesischer Brunnen am Südabhange des Atlas hat mitten im Wüstengebiete fruchtbare Oasen hervorgezaubert und Länder der Cultur gewonnen, welche für die Menschen ewig verloren schienen; am großen Salzsee auf den Hochebenen von Utah sind Rebengelände, Obstgärten und Fruchtfelder durch menschliche Arbeit entstanden, wo noch vor wenigen Jahren selbst wilde Thiere keine genügende Weide fanden. In Südrußland haben deutsche Ansiedler in gleicher Weise große Gebiete der Steppe abgerungen und in Kornkammern verwandelt. Auch in der deutschen Heimat sind — weniger durch Be- als durch Entwässerung — fruchtbare Landstriche gewonnen worden; die Riede auf der schwäbisch-bairischen Hochebene, die Bruchländer in den Flußniederungen Norddeutschlands, die Moore an der Küste sind zum großen Theil schon der Cultur durch anstrengende menschliche Thätigkeit zugänglich geworden; die Heideländereien nehmen an Umfang ab und freundliche Dörfer winken heutzutage aus grünenden Wäldern und wogenden Saatengefilden, wo einst wenig zahlreiche Schafheerden ihre kärgliche Nahrung suchten.

Wird schon durch diese Arbeiten das Klima eines Landes beeinflußt, werden namentlich durch die Entsumpfungen die Fieberdünste entfernt, so wird jenes noch in viel höherem Grade geändert durch Ausrodung oder Anpflanzung von Wäldern. Wie viel rauher und unwirthlicher war Deutschland, als dasselbe fast ganz von feuchten Urwäldern bedeckt war! Die Sommer waren kälter, die Nebel häufiger, wenn auch die Winter weniger hart. Mesopotamien ist durch Verfall der Bewässerungscanäle und durch Aushauen der Wälder in eine Wüste verwandelt; die einst fruchtbaren Hochflächen Spaniens sind mit dem Verschwinden der Wälder wasserarm und steril geworden; die in Frankreich liegenden kahlen Westalpen (Dauphiné) vermögen in manchen Bezirken ihre Bewohner jetzt nicht mehr zu ernähren, während die

Thäler reiche Ernten gaben, als noch die Abhänge der Berge von Wäldern bedeckt waren. Die Aufforstungen in den Gebieten der Eifel werden nicht blos diesem armen Gebirgslande, sondern auch der Umgebung zu Gute kommen.

Aber nicht blos das vorhandene Land zu Gunsten der Cultur zu ändern vermag der Mensch, er greift direct in die Thätigkeit der Natur ein, sucht Gegenden vor den Verwüstungen der wilden Gewalten zu schützen und andere Bezirke zu erhalten, welche ohne die menschliche Arbeit längst verschwunden sein würden. Gewässer mit stark veränderlichem Wasserstande, welche bei der Schneeschmelze die Thäler überfluthen und den mühsam errungenen Besitz der Anwohner zerstören würden, werden durch Dämme geschützt. Solche Deiche umziehen fast alle deutschen Ströme in der Tiefebene und wenden von den Uferlandschaften oft unsägliches Elend ab. An den Küsten — Holland, Friesland — und auch an Flüssen — Weichsel — liegen weite Strecken unter dem mittleren Wasserspiegel; nur die ausgedehnten, starken Wälle erhalten das Land; oft sind mehrere Deiche hintereinander erbaut, um die Polders und fetten Marschen vor ihrem Untergange zu bewahren. Wehe dem Lande, wenn ein wüthender Sturm zur Zeit der Springfluth die brandenden Wogen tagelang gegen die Dämme schleudert, sie endlich zertrümmert und nun das Meer mit unwiderstehlicher Gewalt zwischen Dörfer und Ländereien hereinbricht und die mühsame Arbeit der Menschen mit diesen selbst in seinen Schooß hinabzieht!

Eine der bedeutendsten Aenderungen hat Holland durch die Trockenlegung des Harlemer Meeres erfahren. Von dem Y (an welchem Amsterdam liegt) zog sich noch gen Süden ein großer Meeresarm; durch Absperrung mittelst starker Dämme und Auspumpung des Wassers ist der gesammte Meeresboden für den Ackerbau gewonnen. Jetzt geht man sogar mit dem Gedanken um, auch die südliche Hälfte der Zuidersee, deren Tiefe eine geringe ist, auf gleiche Weise trocken zu legen. Welch' eine große Aenderung würde dies ergeben!

So sehn wir, daß der Mensch thätig in die Natur

eingreift; selbst schwach gegenüber den gewaltigen Kräften, welche die Erde beherrschen, weiß er diese Kräfte selbst sich dienstbar zu machen; mit seiner geistigen Energie hat er schon Großes geleistet und wer kann sagen, was er noch erreichen wird, wenn er erst den Planeten und die Gesetze, nach denen die Kräfte auf ihn wirken, vollständig kennt?